我的景观十书

庄荣 著

江苏人民出版社

图书在版编目（CIP）数据

我的景观十书 / 庄荣著 . -- 南京 : 江苏人民出版
社 , 2022.1
　ISBN 978-7-214-26760-3

　Ⅰ . ①我… Ⅱ . ①庄… Ⅲ . ①园林艺术 - 中国 Ⅳ .
① TU986.62

中国版本图书馆 CIP 数据核字 (2021) 第 273687 号

书　　　名	我的景观十书
著　　　者	庄　容
项 目 策 划	凤凰空间 / 杨　琦
责 任 编 辑	刘　焱　赵　婼
特 约 编 辑	杨　琦
出 版 发 行	江苏人民出版社
出版社地址	南京市湖南路1号A楼，邮编：210009
总 经 销	天津凤凰空间文化传媒有限公司
总经销网址	http://www.ifengspace.cn
印　　　刷	北京建宏印刷有限公司
开　　　本	880 mm × 1 230 mm　1/32
印　　　张	6
版　　　次	2022年1月第1版　2022年1月第1次印刷
标 准 书 号	ISBN 978-7-214-26760-3
定　　　价	69.80元

（江苏人民出版社图书凡印装错误可向承印厂调换）

前言 一些小目标

初心与使命：君子尊学问而道问学

　　笔者在高中阶段是理科生，语文与绘画成绩还不错，1989 年填报志愿的时候，受毛泽东《沁园春·雪》"江山如此多娇"以及《沁园春·长沙》"指点江山激扬文字"的影响，希望能游游走走写写画画，因为"风景"一词带着浪漫的文学色彩，所以填报的第一志愿是风景园林，最终被南京林业大学的园林专业录取，四年间得以直观感受江南园林的精髓，游走间不忘诗情画意的初心，也一直以 Landscape Architect 自居。1993 年到珠海园林科学研究所工作，从事住宅绿地环境景观、街道景观、单位附属绿地环境景观等小尺度的园林工程设计。

　　2001 年离开珠海，先是在广东省城乡规划设计研究院深圳分院担任环境设计室主管，从事城市综合公园、旅游景区、郊野公园等大尺度的景观规划。2006 年起在深圳市北林苑景观及建筑规划设计院从事规划设计工作，在前院长、工程勘察设计大师何昉的带领下，有机会参与国家级、省级、市级系列重大项目的策划、咨询、研究、规划设计工作，类型包括绿地／绿道系统规划、风景名胜区和郊野森林湿地等自然保护地总体规划、园博园和公园规划设计、城市滨水道路景观设计等。2009 年起参与珠三角绿道的策划研究规划设计，获得很好反响，之后绿道从广东走向全国，因此有机会继续参与系列绿道升级研究，包括绿色基础设施、国家公园、海绵城市等，十多年来获益匪浅。2016 年经广东省住房与城乡建设厅建筑建材评审委员会评审通过，评为风景园林设计教授级高级工程师，2018 年获得深圳市首届杰出风景园林师的称号。

笔者在工作之外不忘初心，笔耕不辍，多年来在微博、公众号上发表多篇文章，于 2009 年加入深圳市作家协会。1998 年兼任《当代装饰》副主编，2005 年担任学术期刊《风景园林》的责任编辑，2018—2020 年间，负责《北林苑》内刊的编辑和专栏写作，算得上是集工程师、作家、编辑于一身的斜杠中年。孔子曰四十而不惑，五十而知天命，为纪念深圳成立经济特区成立四十年，我在2020 年近知天命之年，以《融身自然 激扬生命》为题，回顾专业历程和生命轨迹，真心感谢我们的时代和深圳，让我的人生上半场基本立了一些小功，顺便将自己从业以来的一些项目，整理结集出版。在编写本书期间，系统整合之前看过的书籍，重温业界专家的经典，不胜欣喜。《礼记·中庸》有云："君子尊德性而道问学。"人生下半场，我将努力践行立德立言的使命。

立场与视野：致广大而尽精微

笔者曾尝试对 Landscape Architecture 的中文构成进行字面解释：天地赐我以风景，我还人间以园林。风景是致广大，园林是尽精微，风景资源需要感知、体验、评价、保护、修复、引导、利用，偏"知"，因此上部"新视野"以守护天地风景为主要线索，秉承专业协同的原则，在宏观领域认知生态文明时代下的专业定位。"生态战略"协同生态学，主旨为生态保护修复；"文化传承"协同文学和历史学，主旨为历史和文化保护传承；"大地风景"协同地理科学类专业及城乡规划学，主旨为自然保护地规划；"水清木华"协同水利类专业，主旨为滨水空间景观规划；"田园牧歌"协同农学，主旨为乡村空间景观规划。排序方面，战略牵一发而动全身，因此笔者将"生态战略"列为第一部分；"文化传承"保证我们正颈梁且前后左右对标，因此列为第二部分；"大地风景"构成生态空间的重要内容，列为第三部分；作为绿水青山的重要构成，"水清木华"列为第四部分；在生态空间—乡村空间—城镇空间的序列下，笔者将与乡村景观关联的"田园牧歌"列为第五部分。

下部"新领域"以营造大地园林为主要线索，探讨规划设计领域的一些新趋势。先列"绿地系统"，从空间着手，强调绿色发展并拓展到绿色基础设施规划；再列"景观风貌"，整合视觉感知体系，强调与城市设计匹配，精准定位生态与视觉感知；"公园广场"作为绿色开放空间的主题，强调基于公园体系—公园城市的建造新思路；"博览盛会"立足特殊专类园，强调城市经营，重视前端展会策划及后续运营维护；"绿道步道"整合宏观—中观—微观的空间，串接古今，强调融会贯通时间、空间的方法论。每个章节开篇有绪，并附有代表性的典型案例，力图体现认知的高度、广度和深度。

小目标：极高明而道中庸

2015 年笔者写了一本《写在园林边上》，分"稚拙诗意""风景感知""文思规划""书影天下"几个版块，表达对专业的文学理解，也明确了系列写作计划。2016 年即有出版《我的景观十书》的打算，想参考维特鲁威的《建筑十书》，将从业以来的项目分类梳理。之后几经反复，2020 年底才基本确定框架和初稿。后来在语言组织方面斟酌了很久，还是希望尽量体现感性与理性相结合，综述与特定案例结合，老项目与新趋势结合。

2011 年风景园林被列为一级学科之前，定名之争曾引发不少风波，笔者在《风景园林》编辑部工作期间，也曾见证两代人的剧烈话语交锋。考虑到风景园林学科发展还有更多的空间，定书名的时候，倾向使用"景观"这一词汇，对应英文专业词汇"Landscape Architeture"的"Landscape"，接下来我还有一部《天地风景与人间风情》的写作计划，希望通过这三本书，能分享自己对风景—园林—景观的名词释义。如果说《写在园林边上》类似引子，回溯了专业的初心，解决了"我是谁"的问题，《天地风景与人间风情》类似基础资料汇编和资源评价，解决了"我知道什么"的问题。那么这本《我的景观十书》应该是一个大纲，解决的是"我能做什么"的问题。

2016年起分类框架搭建之后总是尽可能不断吸收知识，但学海无涯，也只取了自己那一瓢。笔者生性散漫，之前积累的写作一直呈碎片化的趋势，这本书算是找了一些线索，串起之前散置的珍珠，希望在这样的线索及框架下，从感性开始，以知性解构，最后以理性收尾，因此以随笔加论文的方式，整理总结自己所得。

笔者学识疏漏，且视野有局限，但是在集中写作的过程中，观察身边发生的各种事件，能学着透过现象看本质，秉承文化自信与专业自信。本着"苔花如米小，也学牡丹开"的精神，希望能在百花齐放的学术大花园里独占一隅，各自精彩。

庄荣

2021年7月

目录

097 下部 新领域

上部 新视野

1 生态战略

Strategy of Landscape Ecology

1.1 构建生态命运共同体

毛泽东同志的《沁园春·长沙》上半阕,诗意地描绘了生态的各种要素:从天(独立寒秋)到地(湘江北上,橘子洲头),从山林景观(看万山红遍,层林尽染)到滨水景观(漫江碧透,百舸争流),从万物(鹰击长空,鱼翔浅底,万类霜天竞自由)到自己(问苍茫大地谁主沉浮)。下半阕"恰同学少年风华正茂,书生意气挥斥方遒,指点江山激扬文字"展现出的胸襟、气度、魄力,一直是笔者选择专业的初心。

人生天地间,与万物一道应四时变化而生生不息,这是需要放眼全球,协同构建生态命运共同体的由来,上知乾坤大,下怜草木幽,应该是每一位从业人员应秉承的立场和视野。2017年,国家主席习近平在瑞士出席"共商共筑人类命运共同体"高级别会议,发表题为《共同构建人类命运共同体》的主旨演讲,提出坚持对话协商、共建共享、合作共赢、交流互鉴、绿色低碳。之后在多个场合提出中国方案,实现共赢共享。从业者更需要了解全局,构建人类命运共同体的全球通识与国家共识。

2007年全国科学技术名词审定委员会出版《生态学名词》。根据此书,环境指有机体生活的生物和非生物环境,包括土壤、水、空气、光等,内容包括景观生态学、农业生态学、水域生态学、城市生态学、生态工程学和产业生态学等17个部分。其中景观生态学(global ecology)是研究景观单元的类型组成、空间格局及其与生态学过程相互作用的科学,此语境下的景观定义为:由不同生态系统组成的异质性区域。《风景园林基本术语标准》(CJJ/T 91—2017)里,景观(landscape)被定义为"可引起良好视觉感受的景象",为了营造这美好的景象而做的系列工作,是协调人与自然关系，营造美好环境的学问。景观战略的头部学问，包括生态要素构成、生态文明使命、生态文明建设等内容。笔者尝试用《一代宗师》的台词诠释立足景观的生态战略：第一步，知自己；第二步，知天地；第三步，知众生。

知自己，关注人口与可持续发展，需了解专业定位，完善学科教育，与建筑学、城乡规划等一道构建理想人居环境；知天地，知悉应对气候变化的绿色减碳策略，了解国土空间规划体系构建，协同编制国土空间规划、自然保护地体系专项规划，以及绿地详细规划设计等内容；知众生，应知晓生态价值核算体系，划定红线，保育和修复生态环境，为生物多样性提供合理的场所。

笔者 2003 年在广东省城乡规划设计研究院深圳分院参与的七娘山郊野公园总体规划是对笔者影响深远的项目，藉此机会了解了深圳的蓝天碧海的生态景观，知悉深圳市相关规划以及预留大鹏半岛生态处女地的初心。之后与城市规划师一道，参与过吉林四平生态城区规划、河南省平顶山市北部山体生态修复暨文化休闲区总体规划；参与过省级—区域级—市级绿地（绿道）系统规划；参与过森林、湿地、郊野、风景名胜区、水利等自然公园系列总体规划；在微观层面与建筑师、工程师一道参与过多项城市综合公园及专类公园工程设计。至今仍然觉得 2012 年在北林苑参与的《深圳市关键生态节点生态恢复规划》意义深远。该项目不但衔接了深圳生态市建设规划的内容，运用控制性规划的方法对待修复的节点进行分类管控，对近期建设的节点提出概念性方案并提交前期工程咨询成果，促成了七娘山—排牙山动物廊桥的建设，项目于 2020 年 6 月建成，作为案例附后。

1.2 案例：城市生态恢复的探索与实践
——以深圳市关键节点修复规划为例

    生态恢复（Ecological Rebuilding）是研究生态整合性恢复和管理过程的科学，是对自然灾变和人类活动压力下受到破坏的自然生态系统的恢复与重建。城市生态恢复是基于城市生态学原理，以合理利用、保护自然生态环境资源为基本任务的生态规划手段，其目的在于对城市发展过程中所造成的和即将造成的环境变化进行恢复和保持。城市生态恢复的过程，是以生态城市为发展目标，对城市现有的物质环境进行有机更新，恢复城市生态系统功能，促进城市社会、经济、自然系统向协调、有序状态演进。城市生态恢复工程往往结合生态规划同时进行，在完成生态系统功能恢复的同时，实现城市的有机更新，将生态规划、环境整治、生态恢复一系列手段结合，营建自然协调的城乡环境。

    笔者于 2011 年起参与的《深圳市生态关键节点生态恢复规划》是深圳市生态市建设规划及启动生态恢复工程的重要成果，编制规划成果的同时，启动编制六号、七号节点生态恢复工程项目建议书。经过多方统筹及协调，2019 年位于深圳大鹏新区的七号节点动物廊桥建成，形成了良好的生态、环境效益。回顾规划编制和建设历程，从生态市建设规划到具体项目选址和建设，项目难点在于对生态价值评估和认知不足，对生态恢复工程用地边界很难界定，对生态恢复项目很难确定牵头单位，缺乏统一的统筹和调度等。笔者总结深圳生态关键节点生态恢复规划，在项目推进过程中始终秉承三个原则：第一，要因地制宜，基于景观生态学的方法，协调城市内各种建设现状和规划愿景，提出切实可行的总体恢复计划；第二，要弹性发展，结合控制性方法和建设项目可行性条件论证，制定相关指标和建设目标；第三，要重视工程手段与管理手段，在生态安全的基础上，项目策划要重视景观美学和生态文化，强调环境教育的功效。

1.2.1 项目背景：基于生态安全的《深圳生态市建设规划（2006—2020）》解读

建设生态市的纲领：生态市指以系统生态学理念为指导建立起来的一种理想城市发展模式，它通过综合协调人类经济社会活动与资源环境间的相互关系实现城市经济持续稳定发展、资源能源高效利用、生态环境良性循环和社会文明高度发达。改革开放以来，深圳在城市化方面的成就举世瞩目，在大力发展地方经济的同时，深圳市在生态环境建设方面也取得了较好的成绩。1994 年，获得"国家园林城市"称号；1997 年，荣获"国家环境保护模范城市"称号；2000 年，获得"国际花园城市"称号；2002 年，先后获得"中国人居环境奖"和联合国环境规划署授予的"全球环境 500 佳"称号。同年，深圳市与其他国际组织共同主办"第五届国际生态城市大会"，大会通过了旨在促进全球生态城市建设的"深圳宣言"。2003 年，深圳正式提出要建设高品位的生态城市。《深圳市绿地系统专项规划（2004—2020）》探索并率先推动了深圳市生态控制线的划定和立法，为深圳建设生态市提供了有力保障。2006 年底深圳正式发布《深圳生态市建设规划（2006—2020）》，规划的目标是借助系统生态学思想，重点关注深圳未来发展面临的人口、资源与环境约束，通过构建高效、和谐发展的载体和全社会共同参与的平台，激发强大的城市内生发展动力，维护城市生态平衡，将深圳建设成为中国最具活力的可持续发展生态城市。《深圳生态市建设规划（2006—2020）》对照国家生态环境部颁布的生态市建设指标体系进行了初步测算，结合深圳实际情况构建了深圳生态市建设指标体系，将全市划分为 3 类生态功能区和 29 个生态功能亚区，划定分区的大致范围和面积、主导功能以及控制对策；有关成果经深化研究后，作为总规专题纳入《深圳市总体规划（2010—2020）》。

维护生态安全：生态安全是 21 世纪人类社会可持续发展所面临的一个重要议题，从生态安全层面推进生态城市建设是实现"维护国家生态环境安全"，建立循环社会经济体系的重要保障。《深圳生态市建设规划（2006—2020）》第三章明确提出构建区域生态安全网络格局，以"东西贯通、陆海相连、疏通廊道、保护生物踏脚石"为生态空间保护战略，依托山体、水库、海岸带等自然区域，构建"四带六廊"区域生态安全网络格局，连通大型生态用地，隔离城市功能组团，保障区域生态安全。"四带"分别是东西走向的北部边界生态承接带、中北部城镇生态隔离带、中南部山脉生态支撑带和南部滨海生态防护带。"六廊"分别是南北走向的宝安生态走廊、宝安—南山生态走廊、宝安—福田生态走廊、龙岗—罗湖生态走廊、龙岗—盐田生态走廊和龙岗生态走廊。

确定生态恢复节点：《深圳生态市建设规划（2006—2020）》提出实施自然生态网络恢复工程，规定"四带六廊"生态网络最小宽度应在 1 000 米以上。严格控制影响生态网络格局连通性的开发建设活动，逐步腾退已开发建设位点，改造成植被覆盖度较高的用地类型。生态网络内建筑用地比例控制在 20% 以下。"四带六廊"的空间布局确定之后，初步确定了需要恢复的关键生态节点（以下简称"关键节点"），其生态恢复对于深圳市生态连通性、保护生物多样性与提供可持续的生态服务等具有重大意义。2011 年 7 月，深圳市人居委委托北林苑编制《深圳市关键生态节点生态恢复规划》（下文简称《规划》）。

1.2.2 提出切实可行的恢复计划——深圳市关键生态节点生态恢复规划总规体系的构建

《规划》首先以《深圳市生态安全体系建设课题》（以下简称"生态建设课题"）中提出的完善"四带六廊"的19个关键节点范围以及相关研究为基础，根据景观生态安全格局理论、斑块—廊道—基质理论、岛屿生物地理学和异质种群理论以及生态系统演替理论，主要深入研究生态安全网络格局，恢复生态斑块间的连通性，为物种迁徙和繁衍提供更多的栖息地生境和通道。在深入调查各节点现状的基础上，针对关键节点的生态功能和生态廊道的空间范围作出具体而明确的界定，确定各关键节点在生态格局中的定位要求与功能需求，制定生态恢复控制规划与实施计划，以指导关键节点生态恢复工作的有序与有效开展。根据新的调研情况，提出将原生态安全廊道体系内19个生态节点，增加至20个，根据不同的节点情况编制生态恢复控制规划与实施计划。经过与委托业主反复沟通，以及到各区、各职能部门问询意见，综合专家咨询会、专家评审会意见，提出将6号、7号节点作为近期建设启动工作内容。针对建设条件好的节点，建议业主同时启动6号、7号节点项目建议书的编制。此外，与深圳市环境科学研究院合作编制《深圳市关键生态节点野生动物多样性恢复研究》及《深圳市关键生态节点恢复规划设计技术指引研究》。

总体规划层面，恢复关键生态节点是连通深圳市自然生态网络、抑制城市开发建设蔓延、沟通大型自然斑块和重要生态廊道的关键。大型的自然植被斑块和廊道在区域生态系统中起着关键作用，发挥多种生态功能，制约着该区域生态系统中的各种生态过程，与生态系统的抗干扰能力、恢复能力、系统稳定性和生物多样性有着密切的关系，恢复节点能协助斑块与廊道的畅通，能更好地实现涵养水源的功能，连接河流水系和维持林中物种的安全和健康，庇护大型动物并使之保持一定的种群数量，并与东莞、惠州的大型植被斑块的有效连通，构建区域生态安全。

根据节点叠加到《深圳市绿地系统规划（2002—2020）》划定的 8 大区域绿地上，显示都是受到开发建设严重威胁或已实际断裂的点位，难以保证各个区域绿地之间的有效连通。首先，规划以 20 个关键节点范围以及相关研究为基础，根据土地利用、地籍资料、相关上层次规划以及详实的现场踏勘，以保障生态系统边界的完整性、用地功能的完整性、符合廊道最小宽度控制需求、综合地区规划控制需求为调整依据，对关键节点规划边界进行局部调整并划定明确范围。规划调整后 20 个关键点总面积为 5 784.30 公顷，其中建设用地的面积为 1 833.45 公顷，占总面积的 31.7%。其次，建立关键节点的生态综合现状评价指标体系并进行现状评价，确定 20 个关键生态节点的主要生态功能、性质与分类分型，根据综合评分以及聚类分析划定为保育型、缓冲型和破坏型，作为制定生态恢复目标的控制依据。第三，从生态用地协调、生态安全修复、动植物及其生境恢复、生态环境建设 4 个方面，设置了强制性指标和参考性指标共 22 个。

专题研究层面，《深圳市关键生态节点野生动物多样性恢复研究》，对深圳市的部分动物资源做初步的概述，主要关注范围为陆生脊椎动物资源。包括两栖动物、爬行动物、鸟类、兽类，研究明确了标志性恢复对象的确定原则，根据资源现状、物理动物通道的构建、动物的受保护程度、特色性及观赏性等，选取 15 种动物作为关键生态节点中动物多样性恢复的标志性物种。

其中动物通道的构建是研究重点关注的内容，部分迁徙能力弱、需要较大栖息地、需要物理通道的动物种类将被优先考虑。动物迁徙通道的建设可以是多样化的，按照不同动物的要求，在具体构建中包括天桥样式、涵洞样式、特殊样式等，经调查，适用于关键生态节点中的动物通道如表 1.1- 表 1.3 所示。

此外，研究还明确了动物栖息地的构建中，"栖息环境"及"食物"的控制要素。

表 1.1 关键生态节点中动物多样性恢复的标志性物种

时间	两栖类	爬行类	鸟类	哺乳类
近期	虎纹蛙	眼镜王蛇	褐翅鸦鹃	赤麂、野猪、豹猫
中期	虎纹蛙、香港瘰螈	眼镜王蛇、大壁虎、蟒蛇	褐翅鸦鹃、白喉斑秧鸡	赤麂、野猪、豹猫、猕猴、小灵猫
远期	虎纹蛙、香港瘰螈	眼镜王蛇、大壁虎、蟒蛇	褐翅鸦鹃、白喉斑秧鸡、白鹇	赤麂、野猪、豹猫、猕猴、小灵猫、鬣羚、云豹
全期	大量"三有"保护动物及常见动物	—	—	—

1.2.3 控制性方法及建设项目可行性论证结合

控制性规划层面，20 个关键节点涵盖区域广阔，生态退化特征多样，包括水土状况、环境污染、交通切割、城市建设侵占生态用地等典型生态问题。通过将生态基础理论与工程应用结合，运用生态学与土地经济学、土地管理学、城市规划学等多学科结合的手段，首次将生态区域具体化为可操作的地理空间单元，提出可操作性的实施策略与恢复任务，从而填补相关学科在城市生态综合管理与建设上的空白，也为进一步推动"四带六廊"建设，构建深圳市整体生态安全格局，积累重要经验。

根据基本生态控制线与实地踏勘情况确定节点边界，对节点内部建设用地进行清查与统计；对现有生态节点土地利用情况、水环境质量、大气环境状况、生态环境状况、固体废物排放状况及其

表 1.2 动物通道主要类型

类型	路上式			路下式	
种类	天桥式	树桥式	猕猴通道式	大型涵洞	小型涵洞
标志性服务对象	虎纹蛙、香港瘰螈、眼镜王蛇、大壁虎、蟒蛇、褐翅鸦鹃、白喉斑秧鸡、白鹇、赤麂、野猪、豹猫、猕猴、小灵猫、鬣羚、云豹，其他大量野生动物	褐翅鸦鹃、豹猫、猕猴、小灵猫	猕猴	赤麂、野猪、虎纹蛙、香港瘰螈，其他大量野生动物	虎纹蛙、香港瘰螈，小型野生动物
国外建设频率	高	低	低	高	高
景观效果	高 高 高 无				无
成本	高	中	低	低	低
架设地点	6、7、2、16、5、4、15号节点等区域干道型节点，如需要建设天桥式路上通道，应为宽度 >50m 的大型天桥式动物通道。其他类型节点可使用 >20m 的中型天桥式动物通道等	所有节点可用	有猕猴活动的地区，如 6 号节点	所有节点可用	所有节点可用，在有水体的区域应积极使用

制约因素进行了综合分析，并依据情况编制生态恢复方案。为了更好地满足建设工作需求，制定关键节点控制规划体系，其主要内容包括：划定生态保护培育与分区控制，制订对关键生态节点内部空间体系控制，划分保护、恢复与生态化改造区域范围及管理策略；制定土地利用协调规划，更好地实现生态用地的保障与落实，并协

表 1.3 关键生态节点中构建栖息地类型

服务动物类型	主要服务对象	栖息地类型	关键生态节点中的必要性	构建要素
陆生动物为主	多种动物	综合保育型栖息地	在区域干道型关键生态节点中为必要建设内容，尤其在动物通道的两端	（1）食源地构建 （2）整体林相改造 （3）人为活动控制 （4）不同栖息地的连通性
	特色动物	特色保育型栖息地	因地制宜	（1）特色栖息环境构建 （2）周边林相改造
湿地动物为主	两栖动物以及依赖水体的动物	湿地保育型栖息地	因地制宜	（1）水质条件 （2）水位控制 （3）植物选择
	鱼类	深水域保育型栖息地	因地制宜	（1）水质 （2）食物链构建

（以上表格来源：深圳市北林苑景观及建筑规划设计院有限公司，深圳市环境科学研究院，深圳市关键生态节点生态恢复规划文本）

调处理相关管理规定；制定专项恢复计划与指引策略，指导节点内部各专项生态恢复工作；对保留或近期保留区域的生态化改造和景观提升提出控制要求与指引。

　　详细规划层面，依据生态环境总体评价，6 号梧桐山—梅沙尖生态节点和 7 号排牙山—七娘山生态节点承担连通梧桐山与梅沙尖、避免切断大鹏半岛的生态功能，是保护和提高深圳东部区域生物多样性的重要生态版块，生态基础良好，建设示范性强，因此列入近期启动项目。7 号节点因为坪西路建设，割裂了原先的生物迁徙和觅食通道，规划将跨坪西路建设深圳首座路上式生物通道，营造适合多种动物的迁徙路径以及适生环境，恢复原来近自然的生物多样性，充分展示大鹏新区生态文明示范区的先进性。

1.2.4 7号节点的工程建设研究实践

7号节点（排牙山—七娘山）位于大鹏半岛南澳北部山隘，1.3千米宽的坪西路从节点内横过，导致节点两侧山体被割裂。7号节点南接七娘生物多样性保护区，北接排牙山—笔架山—田心山生物多样性保护区，是保证大鹏半岛南北向连通的重要生物通道。7号节点东、南、北三个方向的边界皆位于基本生态控制以内，节点最窄处宽度870米，总面积132.9公顷，其中建设用地面积25.5公顷。通过架设天桥式物理通道，使大量的陆生动物及鸟类直接从道路等人工区域上空进行迁徙（图1.1）。

依据生态环境总体评价，节点属于生态良好型，节点的生态基础良好，同时属于连通区域和深圳市重要生物多样性保护区的关键节点。规划通过加强用地协调管理、水库管理、水土保持、林相改造、社区公园建设、涵洞生物通道改造以及路上式生物通道建设等主要问题，满足区域山体生态的连通，提高生物多样性，营造物种丰富、群落结构稳定的复层混交顶级群落和动物生境。

在动物生境及生物通道规划方面，在7号节点重点保育区内重点恢复两栖、爬行、兽类、鸟类等动物栖息地与生境。共建设四处生物通道。在坪西路上新建一座路上式生物通道，长约200米，建设宽度30~50米，另外利用坪西路现有的两处路下涵洞，将其改造为路下式生物通道（图1.2）。

后来在深圳市人居委单独委托北林苑编制的《深圳市"四带六廊"生态安全体系建设6号梧桐山—梅沙尖晒节点及7号排牙山—七娘山生态节点生态恢复工程项目建议书》中，对（路上式）生态廊道建设工程的宽度、建设内容进行了论证，借鉴了加拿大班夫国家公园的动物天桥、荷兰天桥式动物通道等案例，根据目标保护物种——豹猫的生活习性和觅食需求，宽度设定为30米，外立面采

图 1.1 7号节点生态化建设指引规划图
图片来源：深圳市北林苑景观及建筑规划设计院有限公司，深圳市环境科学研究院 . 深圳市关键生态节点生态恢复规划文本

图 1.2 深圳市关键生态节点生态恢复规划 7号节点桥概念方案
图片来源：深圳市北林苑景观及建筑规划设计院有限公司，深圳市环境科学研究院 . 深圳市关键生态节点生态恢复规划文本

用简洁质朴的爬藤植物进行装饰。一方面使生态廊道桥体与周围环境融为一体，便于动物通行，另一方面降低维护成本，更具经济性和生态性。

经过多方努力，目前项目已于 2020 年 4 月建成，成为深圳生态建设的典范。

1.2.5 展望

深圳是中国快速城市化的典范，2019 年 8 月，中共中央、国务院发布《关于支持深圳建设中国特色社会主义先行示范区的意见》，明确了深圳"可持续发展先锋"的战略定位，赋予深圳"率先打造人与自然和谐共生的美丽中国典范"重大历史使命。2021 年，深圳市推进中国特色社会主义先行示范区建设领导小组印发了《深圳率先打造美丽中国典范规划纲要（2020—2035 年）及行动方案（2020—2025 年）》。规划提出，到 2025 年，深圳生态环境质量要达到国际先进水平，到 2035 年，达到国际一流水平，到 21 世纪中叶，成为全球生态环境标杆城市。

此前深圳市在新的国土空间总体规划背景下提出"山海连城计划"，搭建"一脊一带十八廊"的生态空间结构，建设一个通山、达海、贯城、串趣的城市空间格局。笔者回望十年前启动的《深圳市生态关键节点生态恢复规划》，回顾深圳生态建设历程，可见在新的国土空间规划编制规则下，在深圳启动了新的 GEP（生态系统生产总值）核算的背景下，深圳的生态关键节点将陆续启动，结合新的生态规划方法，以及生态工程手段，全球生态环境示范标杆城市的宏图，将会逐步实现。

参考文献

[1] 李巍, 张震, 张莹莹. 深圳生态市建设规划框架研究 [J]. 环境科学与技术 ,2005,（S1）:151-153.

[2] 深圳市北林苑景观及建筑规划设计院有限公司，深圳市环境科学研究院 . 深圳市关键生态节点生态恢复规划 [R].2013.

[3] 深圳市北林苑景观及建筑规划设计院有限公司 . 深圳市"四带六廊"生态安全体系建设 6 号梧桐山—梅沙尖晒节点及 7 号排牙山—七娘山生态节点生态恢复工程项目建议书 [R].2013.

[4] 深圳市人民政府 . 深圳市人民政府关于印发《深圳生态市建设规划》的通知 [E] . 深圳政府在线, [2007-02-01].http://www.sz.gov.cn/zwgk/zfxxgk/zfwj/szfwj/content/post_6577266.html.

[5] 中共中央办公厅，国务院办公厅 . 关于建立健全生态产品价值实现机制的意见 [E]. 中华人民共和国中国人民政府, [2021-04-26].http://www. gov.cn/ zhengce /2021-04/26/content_5602763.htm.

[6] 深圳新闻 . 为动物让路！深圳首条野生动物保护"生态廊道"完工 [E]. 深圳新闻网, [2020-04-17].https://news.sznews.com/content/2020-04/17/content_23067895.htm.

备注：

深圳市关键生态节点生态恢复规划荣获 2013 年度全国优秀城乡规划设计三等奖
获奖单位：深圳市北林苑景观及建筑规划设计院有限公司
　　　　　深圳市环境科学研究院
获奖人员：何昉、夏兵、李颖怡、庄荣、李辉、王永喜、魏伟、李亚刚、叶有华、杨和平、孟建华、罗慧男、李俊杰、李冲、刘志伟（按照获奖证书排序）

2 文化传承

Cultural Landscape

2.1 文明自信与文化自觉

笔者在少年时，很向往杭州的西湖十景，后来得知这是景观命名策划体系的一部分，八景、十景的命名系统，属于中国汉字独有的表达方式，体现文化语境、空间感知、美学定性，也成为中国自古提倡读万卷书、行万里路的文化传承的一部分。本部分的内容，与世界遗产和古典园林、传统园林相关，也与我们的行旅方式相关，需要认知我们的文明、我们的历史、我们的文化。根据《风景园林基本术语标准》（CJJ/T 91—2017）中的定义，世界遗产是由联合国教科文组织确认的，具有突出价值的文物古迹、自然景观或自然生境。古典园林是对古代园林和具有典型古代园林风格的园林作品的统称。传统园林是根据历史、文化和习俗而建的园林。

中国有五千年文明史，李泽厚在《美的历程》里，立足中国史纲，用充满激情的语言，带读者认知先秦理性、楚汉浪漫、魏晋风度、盛唐广博、宋元雅致、明素简、清繁复。中国有九万里江山，李零先生在《我们的中国》系列丛书里，带领读者从《禹贡》起，知中华大地的来龙去脉，领略燕赵悲歌，京华风物，江南风情，岭南风水，青藏雪峰、西南幽峡、西北孤烟。它们在中国大地上构筑的恢弘时空图景，时时让笔者沉迷其中。

《辞海》对文化的解释是：人类社会历史实践过程中所创造的物质财富和精神财富的总和。笔者从业多年，借项目机会重温经典，对笔者影响最深的典籍，有《山海经》《易经》《黄帝内经》，《山海经》知历史深处的地理风物，《易经》知天地无穷变化与顺势而为，《黄帝内经》叹服人与自然的古老智慧。《易经》有辞：观乎天文以察时变，观乎人文以化成天下。华夏民族自《易经》起，一直以健全的生态自觉为特征，合理定位人与自然、社会的发展规律。2016 年，中国的二十四节气列入联合国教科文组织非物质文化遗产名录，这个为农事而立的节令，出现在夏代的天文历法代表着很早就成熟的文化中国的基因之一，就是人生天地间，知自己，知天地，知众生。

中国园林号称无声的诗，立体的画，笔者在南京读书期间，曾游历、考察多个江南古典园林，深感中国的古典园林是整体设计的典范，浓缩着中国山水文化的居住理想，诗情画意的感性，来自五千年生生不息的文化传承。

知文明，知历史，知人文，知哲学，行旅中感知文化自觉，革故鼎新、与时俱进，这是每一名生于斯长于斯的华夏子民应该秉承的文化自觉。笔者自少年起热爱诗文写作，在项目实践中多关注文化语境与空间的关系，从滕王阁旁的诗意空间意向，到阳山韩愈公园策划规划，一直不忘诗意栖居的愿景。在惠州丰渚园设计项目中，为了解苏东坡而阅读大量苏氏诗文，学填《念奴娇·丰渚园》一词，至今镌刻在丰渚园门口的石碑上，虽然未署名，但也是笔者从业生涯里的不忘初心的重要体现。天行健，君子自强不息，地势坤，君子厚德载物，在数千年的历史长河里，能创造一些性灵的环境空间和文化景观，是笔者身为一名中国人的文明自信，以及一名专业人员的文化自觉。

2.2 案例：建造广东第五园的环境景观策略

2.2.1 项目背景

惠州历史悠久，底蕴深厚，物华天宝，人文荟萃，是一座具有5 000多年文明史和1 400多年建城史的文化古城，素有"粤东重镇""岭东雄郡"之誉，历来是岭南政治、经济、文化交流中心和军事重镇。惠州市是广东省文化兴省的重点布局城市，2008年，惠州市将丰渚园的建设列为惠州西湖风景名胜区的重要建设工程，市领导指示，要传承岭南名园的优秀传统，突破历史局限，将丰渚园建设为"广东第五园"。考虑到惠州的深厚文化底蕴，丰渚园在规划初期，认真研究了岭南四大名园的特征，首先明确公园的发展策略，提出了全方位的策划和规划思路，与建筑设计院合作，力图在布局园林景观规划的同时，完善文化策划，丰富项目内涵，创新设计古建筑内装修和室内陈设，使丰渚园成为新城市文化背景下的一代名园。

2.2.2 项目现状

惠州西湖是国家重点风景名胜区，国家AAAA级旅游景区，历史上曾与杭州西湖，颍州西湖齐名。这三个西湖都曾经是宋代大文学家苏东坡被贬谪到过的地方。"东坡到处有西湖"，苏东坡给西湖留下胜迹，胜迹更因苏东坡而倍添风采。西湖同苏东坡关联的文化景观与文化名人相得益彰，是文化旅游的重要内容。

丰渚园位于惠州西湖五湖之一的平湖西北角，下角南路以东，西南面与鳄湖相望，西北面与菱湖相隔，在西湖的景观格局中有重要位置。是西湖名景之一"花港观鱼"所在地，湖内遍莳荷花，仲夏酷暑，荷花盛开，香远益清，现荷花亭（江孝子亭）是一座纪念清代惠州名人江逢辰的纪念亭。

2.2.3 总策划理念

1）策划背景之一：丰渚园如何成为岭南名园

以"畅朗轻盈"为特征的岭南园林与江南园林、北方园林并称为中国古典园林的三大流派。岭南园林以宅院为主，叠山多用姿态嶙峋的英石，建筑物通透开敞，以装饰的细木雕工和套色玻璃画见长，观赏植物的品种繁多，一年四季都是花团锦簇、绿荫葱郁，清晖园、梁园、可园、余荫山房并称为岭南四大名园，其品征已有多文著述，丰渚园要继承其优秀传统，细节、风格特征至少要与其一脉相承，而丰渚园成为一代名园，相对其他四家，有更得天独厚的条件：

①大西湖的背景。四大名园都是私宅园林，为宅主小群体所独享受，而丰渚园在西湖之滨，有开放的滨湖空间，交通方面，毗邻城市主干道下角南路，方便市民到达。根据华南理工大学刘管平教授的《岭南古典园林》一文，惠州西湖自东汉末僧文简在西湖设伏虎台始，唐代开始有初步建设，宋代陈偁任惠州太守，带领百姓筑堤截水，发掘湖区资源，修桥铺堤治理惠州西湖，最早提出"惠阳八景"。位于西湖一角的丰渚园除了延续"花港观鱼"的景点，还与相邻的鹤屿形成对景，初冬之际，来惠州过冬的候鸟翔集于烟波浩渺的西湖，观鹤鹭翱翔，心胸开阔，令人感受到天人合一的大境界。

②新陈设的内涵。历史名园的园内设施多半与私人生活关联，主要供园宅主人享受，今人去参观只能吊古，丰渚园定位为面向市民开放的公共园林，游赏之外的展览陈设会与时俱进，同时与西湖风景名胜区共同策划旅游目的地的相关内容，提升园区的吸引力。

③大文化的外延。古代园林展示的是"天人合一"的哲学理念，西湖因东坡而闻名，大批文人雅集。丰渚园作为大西湖文化的重要节点，将会陆续与其他环西湖景点一道，成为惠州的生态绿心、文化绿核。

2）策划背景之二：新国学在园林中环境价值取向

"国学"一名起于清末。与当时欧美西方文化所传入的"西学"相对而言，对近代中国的政治、经济、文化各方面都有很大的影响。丰渚园原为纪念清代名人江逢辰而建，荷花亭原名孝子亭，是纪念江逢辰事母致孝。《惠州西湖志》载："江逢辰，字雨人，号密庵。后诗学苏，后志气发舒，卓然成家"，是谓"贫贱不能移"；"甲午事起，达官自为计，多奔避，逢辰独忧愤守职，咯血盈斗"，是谓"威武不能屈"；"后充会试弥封官，习惯为请托，逢三千金，求通融为便利，不应"，是谓"富贵不能淫"；江逢辰还对惠州的优秀历史文化持坚定的保护态度，"力争苏祠不为教会学校"。据记载江逢辰著有《密盒诗文集》《孤桐词》《华鬘词》。善画山水、花卉，亦能画竹。江逢辰因母病辞官，"侍母疾，号泣露祷，形神俱瘁。"江母去世后，"蔬食益颓、冬不裘、夏不帐、哭无时、夜不睡"，最后郁郁而终。惠州人称为江孝子。江逢辰诗学苏东坡，其名句"一自坡公谪南海，天下不敢小惠州"，一方面强调了苏东坡对于惠州的意义，一方面也成为惠州的文化品牌宣传口号。经过以上分析，我们认为可以新国学背景为策划主题，以强化江孝子亭的现实意义。

2.2.4 园林建筑文化策划

1）整合建筑规划与总体环境布局

古建筑设计单位为陕西省建筑设计院，其建筑风格也充分发挥了新岭南建筑文化中兼收并蓄的传统，在总体淡雅轻盈的色调控制下，新的材料构件吸收了传统岭南园林的装饰特征，并体现出部分北方建筑的稳健、厚重，更能彰显文化气质。但是建筑原总体布局仅体现功能，并未反映出传统园林文化的内涵，笔者以弘扬国学精神，展示新时代的优秀传统为主线，根据原建筑设计单位提供过来的建筑规划布局，对整个丰渚园的空间重新进行梳理优化，分为新建建筑区与外部湖区两大部分，共八个景区并分别命名。

①国学明志——主庭院空间。本区可择地设惠州国学堂，经常邀请相关文化界、国学界名人设课开讲，形成儒雅、清朗的讲学氛围。

②泉石动心——次庭院空间。本区可开辟部分室内空间作为古籍书店，兼营部分便餐业务，形成恬淡、谦和的文化内涵。

③榕荫沁爽——配庭院空间。本区可展示以荷花文化为主题的养生文化内容，开发出一系列与荷花相关的产品，形成宜人、温馨的休闲氛围。

④丝竹动心——外庭院空间。本区以传播优秀的传统音乐和餐饮文化为主，可经营饮茶、美食、音乐欣赏等，形成轻松、愉悦的消费氛围。

⑤镜水云岭——假山石空间。本区可结合传统国学精粹中的"孝"意经典图谱，去芜存精，挑选了"弃官寻母""卧冰求鲤"等十幅，以浮雕的形式镌刻在假山壁上。

⑥怡然望鹤——荷花亭以北景区，结合景观通廊的建设，延长人们在湖边的驻留时间，远望湖东面的鹤屿。

⑦花港观鱼——正门对平湖的视线空间。本区结合原花港观鱼的老景点，结合新的景观建筑改造和水体重整，使鱼鳞斑驳，光影闪动，成为新景点。

⑧荷花名亭——在原荷花亭旧地址附近根据新的视线关系重新定位新荷花亭，梳理周围的种植，使荷花亭更具开阔的视野，并以全新的视觉风貌成为新的景点。

2）梳理园内建筑物、构筑物功能，分别进行命名

①建筑——传承优秀的古典园林文化，彰显深厚国学底蕴。

沿袭古典园林建筑的命名风格和特点，将展室命名为"汇芳斋"，盆景厅命名为"阅菡精舍"，书画厅命名为"珍砚斋"，吉祥门命名为"问贤门"，建议工艺品商店命名为"寄星楼"，观景楼命名为"邀月阁"，过厅命名为"荫石轩"，休息厅命名为"知鱼阁"，古代文物展厅命名为："览胜楼"。另外在湖区分别命名琴韵斋、凌波画舫、见渊亭桥，假山石空间分别命名观孝台、问鱼亭、山荫草堂等富有文化内涵的名称。

②桥——园内有水环抱，桥名与环境相得益彰。

五龙亭内桥跨两鱼池，命名为"两知桥"，取意《庄子》"我知鱼之乐"；长堤上有小桥连水闸口，浪虽小也可观澜，命名为"观澜桥"；环绕荷花亭三座桥分别命名为"涵碧桥"——其态低矮，意为隐在绿荷之下、"小飞云桥"——其形有拱，如飞云探波、"寄畅桥"——其终端连畅远楼，可纳凉品茗；放生池旁桥名"莲生桥"——意指有心向善，如佛步步生莲。假山内汀步穿绕绿萝，取名为"浮翠桥"。

③ 假山、置石——点景、升华环境意境。

正门置一太湖石，高8米，宽4.3米，厚1.8米，其态稳健端逸，有峥嵘之相，与我园应弘扬之江逢辰品行似有相合之意，参考江南名石的命名，取名为"峥云峰"。

3）种植总体布局

湖区种植改造规划：根据西湖的视线关系和游赏关系，以植物景观来重新界定景观区域，划分为五大区域，定基调树种和主调树种。

①柳岸临风。位于正厅前，以柳树为主要观赏树。

②桃李芳渚。位于荷花亭改造片区，以春天的桃李盛景为景观。

③杂花生树。位于现状堤岸片区，以繁花似锦的花堤为主景观。

④杉林揽秀。位于现状北门进入园区后偏南片区，以落羽杉林为主景树。

⑤竹影摇红。位于凌波话画舫及琴韵厅附近，以竹为主要景观。

庭院种植规划：从建筑布局整体划分考虑，分别为主庭院、副庭院、配庭院，根据策划内容，分成3个组团：

①国学明志——主庭院。由文昌门、文昌阁、古代文物展示组主体建筑形成的两个庭院空间，并分割成四块绿地。

与梅同瘦：以梅花为主要造景材料，下埋青石，并配上匍地松、花生藤等地被植物，营造雅、奇、清的庭院景观。

与竹同清：以细叶粉单竹为造景材料，旁置黄蜡石，配上细叶凤尾竹、黄花马缨丹、金边万年麻等植物，营造悠远清雅的庭院景观。

与兰同幽：种植沿阶草、蜘蛛兰等植物，结合四季桂、茉莉花、鸡蛋花等香花植物，配置青色的英德石，展示清气四溢的庭院景观。

与松同傲：种植姿态优美的湿地松、结合海礁石露地种植，为人们提供松石清风的阅读意境。

②泉石动心——副庭院。以放生地为设计主要构图，池水上方、设小涌泉群、让人望而生凉、水池中置石与假山石主体形成呼应。

③榕荫沁爽——配庭院。种植小叶榕树，使庭院充满凉意。

2.2.5 建筑环境内装修及陈设策划

为使新园林突破以往只为私家独享的传统，在各空间功能分区及功能分配安排时，根据其独特的文化内涵与艺术特征，要兼顾发展新园林和新经济，并与当地旅游产品开发尤其是惠州西湖的整体品牌相协调，在丰渚园内策划新的功能：可有民众积极参与共享，分级引导不同的参观、体验、游憩等功能，可构成古园全新的活色生香的旅游业态，建成后的丰渚园不但能保持古典岭南园林的精髓，而且在功能和亲和力上，已经被赋予新的内容和新的灵魂，能够真正成为全民参与的公众的新园林，滨湖的公共文化娱乐空间。

整个游园过程，根据不同的功能与内容，将形成以下不同特色的主题之旅：文化之旅、休闲之旅、购物之旅、艺术品拍卖会、各类博览会、假日之特别活动。根据前期总体策划和活动安排，与常熟古建公司南京分公司的设计师一道，分别对各建筑内的装修风格和陈设内容进行了梳理和筛选，力图使丰渚园不但能延续建筑外观的精彩细节，还能彰显出新的时代特色，在后期的管理和养护方面，能成为新的岭南园林典范。

2.2.6 后记

本项目的工作方法：除了做常规的景观规划外，还要在景观规划之前将策划及总体文化规划完善，才能符合丰渚园在今天新建的哲学意义和环境内涵。项目完成后得到惠州市人民政府、惠州市规划建设局的一致首肯，并顺利通过规划委员会的评审，2009年10月建成开放，之后惠州有关部门征集匾额楹联，策划各种展览和文化活动，惠州市民又多了一个好去处，西湖边上又增添了一个新的集自然景观和人文内涵为一体的新名园。

开园以来，笔者多次回访，感受到丰渚园当代园林文化的日益成熟，相比其他岭南名园，一是占地面积比其他四大园林大；二是英石假山群体量大，共6000多吨，在广东省内名列第一；三是园区门口的太湖石"峥云峰"在五大园林中是最大的一块。是否能成为广东第五园，或者等待时间来证明，但是丰渚园作为西湖边的公共园林，已经成为大西湖景区和惠州公园城区的重要构成，丰渚园免费向市民开放，成为市民公共福利，欣赏西湖美景的场所，是典型的惠民之举。笔者也在参与策划、规划、建设、管理的过程中，深刻感受到岭南园林人"兼收并蓄，推陈出新"的作风，获益匪浅。2015年，惠州市成功获得"国家历史文化名城"称号，丰渚园所纪念名人江逢辰那句"一白坡公谪南海，天下不敢小惠州"也随惠州"三东（东坡，东江，东纵）"文化继续传承，笔者自问也尽了绵薄之力。

为增加项目的文化特质，笔者特仿苏东坡词意，填词《念奴娇·丰渚园》，深得业主赞赏，并随园区效果图一道，镌刻在园区大门石碑上：

莲叶田田，春夏日，红光闪映翠羽。惠州湖山如画卷，风景无论寒暑。鹤舞翠练，鱼跃花港，留蝶花间顾。平湖一隅，小亭原是胜迹。

且驻。轩堂再起，飞檐连绵，更有景新处。江公孝节可堪，国学新论重谱。观花明志，泉石生幽，尽展美庭物语。知善从心，汇流西湖丰渚。

参考文献

[1] 刘管平.岭南古典园林[J].广东园林.1985,（03）:1-11.

[2] 张友仁.惠州西湖志[M].广州：广东高等教育出版,1989.

[3] 朱竑，李丽梅，保继刚.岭南四大名园与世界文化遗产[J].热带地理.2003,（02）:176-179+198.

[4] 深圳市北林苑景观及建筑规划设计院有限公司.惠州丰渚园园林规划设计[R].2007.

备注

惠州丰渚园园林设计项目荣获深圳市第十四届优秀工程勘察设计（风景园林设计）三等奖

获奖单位：深圳市北林苑景观及建筑规划设计院有限公司

获奖人员：庄荣 刘波 刘煜 王晓霞 何伟 杨政华 卢耀勋 方拥生 林伟

3 大地風景

Landscape of the Earth

3.1 江山多娇与风景独好

　　毛泽东同志的《沁园春·雪》上半阕写壮丽雪景，下半阕抒情：江山如此多娇，引无数英雄竞折腰。本部分的内容，与风景名胜区相关，需要立足中国国家地理，认知我们的大好河山。中国位于东亚大陆板块东南，"三横四纵"山脉序列构成中国地理、中国地形和中国地势的骨架，因山脉汇流而形成黄河、长江、珠江等水系，再因江河积蓄而形成五大淡水湖泊，逐渐形成源远流长的华夏文明。天地赐我好风景，风景资源需要评价、保护、管理、组织游赏。

　　根据《风景园林基本术语标准》（CJJ/T 91—2017）中的定义，风景名胜区是依法设立和管理的具有观赏、文化或者科学价值，自然景观、人文景观比较集中，环境优美，可供人们游览或者进行科学、文化活动的区域。《风景名胜区分类标准》（CJJ/T 121—2008）将风景名胜区分为历史圣地类、山岳类、岩洞类、江河类、湖泊类、海滨海岛类、特殊地貌类、城市风景类、生物景观类、壁画石窟类、纪念地类、陵寝类、民俗风情类和其他类别，总共十四类，大地风景都在其中。建设部于1994年发布《中国风景名胜区形势与展望》绿皮书，将中国的国家级风景名胜区与国际上的国家公园相对应，其英文名称为"National Park of China"，即中国的国家公园。2017年，国家发布《建立国家公园体制总体方案》，目前第一批国家公园包括三江源国家公园、大熊猫国家公园、东北虎豹国家公园、湖北神农架国家公园、钱江源国家公园、南山国家公园、武夷山国家公园、长城国家公园、普达措国家公园和祁连山国家公园共10处，涉及青海、吉林、黑龙江、四川、陕西、甘肃、湖北、福建、浙江、湖南、云南、海南12个省，总面积约22万平方千米。根据《风景名胜区分类标准》上述国家公园试点都可以纳入风景名胜区的类型。鉴于风景名胜区相关的法律法规、规划规范标准较齐全，笔者倾向于将国家公园—自然公园系列的相关规划设计，对标风景名胜区，根据保护资源各有侧重。

笔者生于贵州云贵高原，因求学的关系，一路经云贵高原、广西喀斯特岩溶地貌，到湖南丘陵，一直到江南中下游平原。之后在深圳工作生活十余年，算是先后逐长江珠江而居，十余年间因为参与风景名胜区相关项目，从东北的松花湖到江南的巢湖，从华北的日照五莲山到华南的梧桐山，从西南的黄果树湿地到华东的海上花园洞头，得以在中国地理版图上一窥中国的大好河山。笔者自 2010 年起参与编制深圳梧桐山风景名胜区总体规划。梧桐山是深圳快速发展的城市型风景名胜区，笔者与项目策划者一道主动提出边界修正与景区扩容，保证周边生态资源的完整性，虽增加了编制难度和工作量，且经历管理机构变更，但是笔者认为是值得的。

2009 年笔者有机会参与珠三角区域绿道总体规划编制，藉此机会全面了解珠三角区域绿地内的风景名胜及其森林、郊野、湿地等自然公园，此外，笔者担任广东省住建厅风景名胜区总体规划评审专家，审阅多个省内风景区规划项目，十余年来更深刻认知到风景名胜区调查评价、研究策划、可持续发展等方面的重要性。2014 年，受广东省住房与城乡建设厅委托，笔者与北林苑项目组一道，启动《广东省省立国家公园体系建设专题研究》，笔者撰文《广东省应对国家公园体系研究》，提出广东省构建国家公园的设想，分享了笔者的一些浅见。

3.2 案例：广东省应对国家公园体系研究

　　国家公园在我国是个古老而新鲜的课题，据史料记载，殷商时期，已经有国家引导进行保护及游赏的区域。我国幅员辽阔，地貌及山水资源多样，由此引发的山水诗画创作及游历审美，一直是传统文化和中华文明的重要构成。建立符合我国国情的国家公园体制，是建设生态文明、保持人类命运共同体可持续发展的有效手段。2013年11月，党的十八届三中全会明确提出要"加快生态文明制度建设""建立国家公园体制"。2017年9月，中共中央办公厅、国务院办公厅印发《建立国家公园体制总体方案》（下文简称《方案》），指出国家公园是指由国家批准设立并主导管理，边界清晰，以保护具有国家代表性的大面积自然生态系统为主要目的，实现自然资源科学保护和合理利用的特定陆地或海洋区域。《方案》提出了国家公园体制建立的目标、原则，并明确建立统一事权、分级管理的体制。2018年，十三届全国人民代表大会批准国务院机构改革方案，设立自然资源部，原国家林业局更名国家林业和草原局，并加挂国家公园管理局的牌子，划归自然资源部管理。2019年6月，中共中央办公厅、国务院办公厅印发了《关于建立以国家公园为主体的自然保护地体系的指导意见》（下文简称《意见》），明确了国家公园—自然保护区—自然公园系列的自然保护地体系。

　　2014年，深圳市北林苑景观及建筑规划设计院有限公司受广东省住房与城乡建设厅委托，针对广东省如何对接国家公园体制建设，编制了《广东省省立公园体系建设专题研究》（下文简称《研究》）。2017年笔者认真学习《方案》之后，回顾2014年《研究》成果，提出一些新的思考，供同行们讨论。

3.2.1 国外经验与中国实践

1）美国

"国家公园"的提法最早出现于美国，1872 年，美国国会颁布法令，成立了世界上第一个国家公园——黄石国家公园（图3.1）。目前共有 118 个国家和地区相继建立了自己的国家公园。国家公园坚持保护第一和公益性，其理念和制度已为全世界所普遍接受。

美国的国家公园体系有以下相关内容：

①美国的保护地体系。按管理级别分为联邦、州、地方和私人四个层面，各个层面相对平行，不存在垂直管理关系（表3.1）。其中联邦层面的保护地分成 14 个分系统，这些分系统有的由不同的机构管理，如国家公园系统（属国家公园管理局管理）、国家森林系统（属国家森林署管理）、野生动植物庇护系统（属鱼和野生动物管理局管理）；也有跨部门联合管理的系统，如国家荒野保护

图 3.1 美国首个国家公园——黄石国家公园

表 3.1 美国的保护地体系

		分系统
国家层面	独立管理系统	国家公园系统 National Park System
		国家森林系统 National Forest System
		国家野生动植物庇护区系统 National Wildlife Refuge System
		国家景观保护系统 National Landscape Conservation System
		海洋保护区系统 Marine Protected Areas
		印第安保留区 Indian Reservation
		国防部属保护区
		国家自然地标系统 National Landmark System
	联合管理系统	国家荒野地系统 National Wilderness Preservation System
		原野风景河流系统 National Wild and Scenic Rivers System
		国家步道系统 National Trails System
		国家纪念地系统 National Monuments
		国家自然研究区 Research natural area
	国际管理类别	世界遗产公约 World Heritage Convention
		重要湿地公约 Wetlands of International Importance（Ramsar）
		人与生物圈计划 UNESCO-MAB Biosphere Reserve
		特别敏感海域 Particularly Sensitive Sea Areas（PSSA）
州层面		州立公园系统 State Park System
地方层面和私人保护地		私立保护地 Private Protected Area

管理部门	类别数量
国家公园管理局 National Park Service（NPS）	20
国家森林署 United States Forest Service （USFS）	13
鱼和野生动物管理局 Fish and Wildlife Service（FWS）	4
土地管理局 Bureau of Land Management （BLM）	11
国家海洋与气象局 National Oceanic and Atmospheric Administration （NOAA）	9
印第安事务局 Bureau of Indian Affairs（BIA）	1
国防部工程部队 Department of Defense, Corps of Engineers	1
国家公园管理局 National Park Service（NPS）	1
NPS/USFS/BLM/FWS	6
NPS/FWS/USFS/BLM/ 州政府	3
NPS/BLM	3
NPS/BLM/USFS/MPA	2
NPS 等 8 个部门	1
UNESCO	3
UNESCO	1
UNESCO	1
UNESCO	1
州政府	24
非政府组织 NGO	1

系统、国家原野与风景河流系统；此外还包括国际性的保护地系统，如生物圈保护区等。

②美国国家公园系统：是指由美国内政部国家公园局管理的陆地或水域，包括国家公园、纪念地、历史地段、风景路、休闲地等。美国国家公园是美国保护地体系中由国家公园管理局管理的一个分系统，是美国保护地体系的重要构成之一，将"国家公园体系"当作美国保护地体系的全部是一种误解。

③美国州立公园系统：美国的国家公园和州立公园分工明确，国家公园以保护国家自然文化遗产、并在保护的前提下提供全体国民观光机会为目的；而州立公园则主要是为当地居民提供休闲度假场所，允许建设较多的旅游服务设施。

2）世界自然保护联盟体系

世界自然保护联盟（IUCN）的国家公园与保护区管理类别体系（以下简称 IUCN 类别体系）是国际应用最为广泛的遗产管理体系，是由其下属的专家组织世界保护地委员会建立的一套有关保护地类别的术语和标准。目前全球已有 100 多个国家应用或根据该体系修正了本国的遗产地类别体系。

IUCN 类别体系中总共包含六大管理类别，在管理目标、入选标准、组织管理等方面有着相应的区别。总体来说，类别 I、II、III 和 VI 适用于原生或基本原生的保护地，类别 IV 和 V 则适用于可以被改变的保护地（表3.2）。

3）中国实践

按照《意见》的要求，三江源、祁连山等国家公园都编制了总体规划。笔者翻阅了相关国家公园总体规划成果，在生态系统保护与体制机制创新层面的内容比较突出，其他相关内容与风景名胜区总体规划要求大致相似。而从已发布的《三江源国家公园条例（试行）》（2017 年 6 月发布）来看，其管理强调了"三江源国家公园实行集中统一垂直管理。建立以三江源国家公园管理局为主体、管理委员会为支撑、保护管理站为基点、辐射到村的管理体系。"（第十一条）。其他条款也大致与各地设置的《风景名胜区条例》相似。

3.2.2 关于广东省应对国家公园体制建设思考的原则与目标

鉴于国家公园与国家级系列公园，国家级系列公园与省级系列公园，国家公园与城市公园等系列名词的语音、语义、内涵、外延有交叉有重叠，一直以来学界争论不休，2017 年 9 月发布的《方案》指出："树立正确的国家公园理念，坚持生态保护第一。"也明确了本次国家公园的概念与之前的自然保护区及风景名胜区有所不同。此外，《方案》明确提出，要优化完善自然保护地体系。改革分头设置自然保护区、风景名胜区、文化自然遗产、地质公园、森林公园等的体制，对我国现行自然保护地保护管理效能进行评估，逐步改革按照资源类型分类设置自然保护地体系，研究科学的分类标准，理清各类自然保护地关系，构建以国家公园为代表的自然保护地体系。进一步研究自然保护区、风景名胜区等自然保护地功能定位。

《意见》明确了以保护层级为序，形成国家公园—自然保护地—自然公园系列的序列。而自然公园，则包括了风景名胜区、森林公园、地质公园、海洋公园、湿地公园等各类公园。

笔者立足 2014 年的《研究》撰写本文，遵循以下几个基本原则：

第一，国家公园是以生态保护为原则的，整合原来的自然保护地的新事物，甄别要素有两个：国家代表性，大面积自然生态系

表 3.2 IUCN 国家公园与保护区管理类别体系

编号		类型	主要管理目标	入选标准 所有权		组织责任 管理权
I 类	Ia	严格的自然保护区	保护物种、基因多样性和科学研究	保护生态系统完整性、保护地面积大小符合保护对象要求、没有明显人类影响的痕迹	中央政府、地方政府	中央政府、地方政府、地方委员会、大学或科研机构、非营利机构、私人基金、其他
	Ib	原野保护地	—	保护地面积大小符合保护对象要求、没有明显人类影响的痕迹、包含重要价值特征、能够提供愉悦机会	中央政府、地方政府	中央政府、地方政府、地方委员会、大学或科研机构、非营利机构、私人基金、其他
II 类		国家公园	保护物种和基因多样性、科研、教育与游憩	保护地面积大小符合保护对象要求、能够提供愉悦机会、包含高质量景观	中央政府、地方委员会	
III 类		自然纪念保护地	保护物种和基因多样性、保护自然与文化特征、旅游与游憩	保护地面积大小符合保护对象要求、人为积极干预、保护单一或多个重要性自然特征	中央政府	
IV 类		栖息地/植物种类管理区	保护物种和基因多样性、维护环境作用	保护地面积大小符合保护对象要求、人为积极干预、保护重要物种及其栖息地	中央政府	
V 类		陆地景观和海洋景观保护区	保护自然与文化特征、旅游与游憩、维护文化/传统因素	能够提供愉悦机会、包含高质量景观、展示传统生活方式和经济活动	公私混合团体	
VI 类		受到管理的资源保护区	保护物种和基因多样性、维护环境作用、可持续自然生态系统利用	可持续资源利用	中央政府、地方政府、地方委员会、非营利机构、私人基金、其他	

统，由国家确立并主导管理，重在统一事权。

第二，在《方案》规定的时间内，国家公园—风景名胜区—自然保护区三个体系会并行，也将会成为重要的三个自然生态管理系统，会深度整合且各有侧重。

第三，《研究》是广东省应对国家公园体制建设的探索，笔者认为《研究》可以借此机会实现三个目标：省内国家公园申报；省级系列生态资源整合；形成市级—省级公园管理机构，与未来的国家公园管理机构形成差异化明显、职能清晰、高效的生态资源保护体系。

3.2.3 关于广东省国家公园体制建设的一些思考

《方案》提出的目标是"建成统一、规范、高效的，中国特色的国家公园体制，使国家重要自然生态系统原真性、完整性得到有效保护；使交叉重叠、多头管理的碎片化问题得到有效解决。"因此，笔者认为，广东省内探索国家公园体制建设，需要解决三个问题：

1）在广东省内摸查、评估、申报国家公园

《方案》提出，到 2020 年，建立国家公园体制试点基本完成，整合设立一批国家公园。广东北依南岭，南临热带海洋，境内地质构成复杂，地貌景观特殊，有大江、大山、大海的特征；生物物种起源古老、种类繁多、成分复杂，保护良好；河涌、湖泊、海岸等湿地资源丰富，类型多样，是国际候鸟迁徙的主要停歇地、繁殖地和越冬地。因此，广东省内申报国家公园有非常有利的条件。

根据 2012 年广东省政府发布的《广东省主体功能区规划》，构建以"两屏、一带、一网"为主体的生态安全战略格局，《研究》统计了广东省内自然保护区、风景名胜区、森林公园、城市公

园等用地的规模总量，约为 459.54 万公顷（包括重复统计），占广东省国土面积的 25.8%。《研究》重点对自然保护区、风景名胜区、森林公园三类用地的规模进行统计和分析比较，自然保护区面积占三类传统系列公园总面积的 75% 以上，森林公园的总面积占20%。而其中市县级别的土地规模均远远大于国家级与省级的用地规模。此外，广东省内的自然保护区过于分散，位于县市级的自然保护区保护力度不足，特色不明显。从自然保护区范围内进行国家公园的摸查和申报，很有必要。

此外，广东省作为近代民主革命的策源地和先行地，有诸多独特的人文资源，在未来的粤港澳大湾区规划里，自然地理与经济地理互动以更开放的姿态，对标世界级湾区，强调更广域视野的生态优先、法治筑基，2015 年广东省住房与城乡建设厅发布的《广东省风景名胜区体系规划（2013—2030）》提出，至规划期末，全省形成由山岳类、岩洞类、江河类、湖泊类、海滨海岛类、特殊地貌类、城市风景类、生物景观类、纪念地类、民俗风情类、温泉类 11 种风景名胜区组成的类型体现，充分体现广东省大山、大海、大江、大河的多样景观风貌、独特的人文历史与近代风情。

因此笔者建议，根据广东省主体功能区规划的工作基础，摸查、评估广东省内的具有国家代表性的大面积自然生态系统，结合广东省风景名胜区体系规划，在 2020 年以前，率先启动丹霞山国家公园、大南岭国家公园、粤港澳大湾区国家公园的申报和体制试点。

①丹霞山国家公园。作为世界自然遗产的丹霞山，将丹霞地貌周边山水林田湖草作为一个生命共同体，对丹霞山风景名胜区、丹霞山森林公园、丹霞源水利风景区等相关自然保护地进行功能重组，合理确定国家公园的范围，探索统筹考虑保护与利用。可由原主管部门——广东省住房与城乡建设厅提出申请（图 3.2）。

②大南岭国家公园。作为我国南部最大的山脉和重要自然地理界线，以南岭自然保护区为基础，将湘桂赣粤相连区的广义南岭区域作为南岭国家公园的申报地，探讨跨省生态资源保护与环境综合执法。可由原主管部门——广东省林业厅提出申请。

③粤港澳大湾区国家公园。2017 年，粤港澳大湾区作为国家战略提出，笔者建议，从生态安全格局的角度，西起台山镇海湾，止于惠东红海湾，由珠三角内圈层沿湾区的边界（滨海各区县边界）的自然山体、湿地、森林公园、成片的农田等组成湾区生态环，划定湾区典型的山海江河等区域，以广东内伶仃岛福田自然保护区等地作为粤港澳大湾区国家公园的基础申报地，往东与深圳湾东面的福田红树林自然保护区联通，从更大的尺度，全面摸查水文水利和水生态资源，尽快划定海上生态红线，设置海洋保护区，修复近海海域生态，与河涌治理互动，强化部门监管，协调规划统筹，可根据"一国两制"的特点，探讨符合粤港澳法制体系的联席执法制度。可由广东省人民政府提出申请（图 3.3）。

图 3.2 丹霞山

图 3.3 黑脸琵鹭是福田红树林的珍稀鸟类

2）理顺广东省内国家级系列公园与省级系列公园的关系

《方案》提出，以"国家主导、共同参与"为原则，"改革分头设置自然保护区、风景名胜区、文化自然遗产、地质公园、森林公园等的体制，对我国现行自然保护地保护管理效能进行评估，逐步改革按照资源类型分类设置自然保护地体系，研究科学的分类标准，理清各类自然保护地关系，构建以国家公园为代表的自然保护地体系。"

广东省内资源多样，粤东、粤西、粤北与珠三角区域各自有差异，与国家级系列公园的问题一样，广东省内几乎所有的生态保护地都根据资源属性的不同，风景名胜区、自然保护区、地质公园、森林公园、湿地公园等交叉重叠，导致监管不力。

《研究》重点针对省级公园专项绿地，结合系列国家级公园的指标评价体系，结合广东省实际情况，提出省级系列公园的修正指标体系，将自然、人文、社会、经济、娱乐5大类属性列为一级指标；将多样性、脆弱性、地域性、可达性、设施完备度等11项指标列为二级指标；将种群数、绿化覆盖率、岭南特色、票价、面积等15项列为三级指标。为今后整合省级系列公园的升级、降级、撤销、管理等工作提供依据。

《研究》统计出广东省内系列公园种类16种，资源类型丰富。省级以下级别的系列公园类型偏少，建议增加省级、市级系列公园的多种类型，力图在生态资源保育的基础上，结合本地资源，提供多样化的公园类型，鼓励各市修编绿地系统专项规划时，明确提出特色公园体系研究。

因此笔者建议，针对省级系列公园按照资源类别归口管理的特点，比较成熟的如省级自然保护区、省级风景名胜区等，可继续沿袭原管理路径，对是否升级为国家级自然保护区、国家级风景名胜区进行评价与论证；针对省级森林公园、省级地质公园、省级湿地公园、省级城市湿地公园、省级水利风景区等可纳入所属当地城市绿地系统公园系统的绿地，按照新的评价体系进行新一轮整合，对区域绿地内符合省级系列公园要求的选址、申报、规划提出明确的政策和技术指引。

3）依托现有建设经验，建立合理的组织机构

2008 年，广东省住建厅在全国率先启动珠三角绿道网规划建设行动，之后编制《广东省绿道网总体规划》，覆盖全省。截至 2013 年底，广东省共建成绿道 9 481 千米，基本形成了贯通全省的绿道网络，为各地摸查各类区域绿地资源，划定生态保育区，高效发挥绿色基础设施网络功能、提供多样游憩方式提供了实践经验。2013 年，全省启动生态控制线划定工作，从用地类型、用地权属甄别的角度为国家公园的选址和用地等提供了技术支撑，为合理构建国家公园—国家级系列公园—省级系列公园—市属公园的管理机制奠定了扎实的工作基础。

《研究》还提出设置广东省公园管理局，近期负责省内国家公园的申报，中期整合省级系列公园的管理，远期与远期成立的中华人民共和国国家公园管理局一道，形成清晰的自然保护地垂直管理体系。

3.2.4 结语

《意见》指出，到 2025 年，健全国家公园体制，完成自然保护地整合归并优化，完善自然保护地体系的法律法规、管理和监督制度，提升自然生态空间承载力，初步建成以国家公园为主体的自然保护地体系。到 2035 年，显著提高自然保护地管理效能和生态产品供给能力，自然保护地规模和管理达到世界先进水平，全面建成中国特

色自然保护地体系。自然保护地占陆域国土面积的 18% 以上。

2020 年，广东省人民政府办公厅下发《关于明确广东国家公园建设工作领导小组有关事项的通知》，统筹推进广东南岭国家公园、珠江口国家公园等广东国家公园建设和自然保护地体系建设工作，相信在不久的未来，丹霞山国家公园成立，协同江西湖南跨省特色地貌自然保护地，南岭国家公园成立，协同广西、湖南的系列山地，珠江口国家公园成立，协同粤港澳大湾区的水域保护。而刚刚发布的广东省"十四五"规划中，广东省将全力构建以国家公园为主体的自然保护地体系。珠三角各市于 2021 年底前，粤东、粤西、粤北各市于 2022 年底前完成自然保护地管理机构设置。自然保护地管理机构的科学设置，将理顺管理职能，做到"一个保护地、一套机构、一块牌子"，持续推进自然保护地整合优化预案落地，还将加强自然保护地监督建设和管理。其中，到 2025 年，完成广东首个国家公园——南岭国家公园的主要建设任务和全省自然保护地整合归并优化。

根据国家文化和旅游部公布的数据，2021 年五一黄金周，全国国内旅游出游 2.3 亿人次，同比增长 119.7%，按可比口径恢复至疫前同期的 103.2%，民众旅游需求旺盛，新兴旅游目的地和地区快速增长。《方案》的出台，对优化我国尤其是发展诉求强烈的生态脆弱地区的各类自然资源的保护，建立高效的生态资源管理体系，有重大意义。笔者对比 2014 年的《研究》成果温故知新，提出一些不成熟的意见和建议，希望能在不久的将来，为广东省应对国家公园体制的相关建设，提供一定的参考。

参考文献

[1] 新华社 . 中共中央办公厅 国务院办公厅印发《建立国家公园体制总体方案》[E].
中华人民共和国中央人民政府网 .[2017-09-26].http://www.gov.cn/zhengce/
2017-09/26/content_5227713.html.

[2] 新华社 . 中共中央办公厅 国务院办公厅印发《关于建立以国家公园为主体的自然
保护地体系的指导意见》[E]. 中华人民共和国中央人民政府网 .[2019-06-26].
http://www.gov.cn/zhengce/2019-06/26/content_5403497.htm.

[3]《青海人大》公报版 . 三江源国家公园条例（试行）[E]. 青海省人民代表大会常务
委员会 .[2017-07-19].http://www.qhrd.gov.cn/html/1593/12707.html.

[4] 苏杨，（美）汪昌极 . 美国自然文化遗产管理经验及对中国有关改革的启示 [J].
中国园林，2005，（8）：46-53.

[5] 光明日报 . 我国已建成十处国家公园体制试点 [E]. 中华人民共和国中央人民政府网 .
[2019-07-10].http://www.gov.cn/xinwen/2019-07/10/content_5407752.htm.

[6] 广东省人民政府办公厅 . 关于明确广东国家公园建设工作领导小组有关事项的通知
[E]. 广东省人民政府网 .[2020-08-28].http://www.gd.gov.cn/zwgk/wjk/qbwj/ybh/
content/post_3074649.html.

备注

原文刊载于 2018 年中国城市规划学会风景环境规划设计学术委员会年会论文集，
本文有部分改动。

本研究参与人员：何昉、庄荣、锁秀、王招林、宋政贤、张莎、周忆、冯景环等

4 水清木华

Waterfront Landscape

4.1 上善若水

老子《道德经》第八章云："上善若水，水利万物而不争"。一方面，绿水青山相依相存，构成美丽中国的画卷，水景是大地风景中的重要构成，水景是造景的重要内容；另一方面，人类文明的诞生发展与世界著名河流密切关联，人类逐水而居，取水用水，排水污水，治水又是历代水务的重要工作，防范水患，保证水源供给，净化水体，青山不改绿水长流，是最基本的生态愿景。从业人员需知国土层面—流域层面—城市层面的水系情况，关注生态系统构建，营造滨水景观。

漫长的农耕文明，使中国人的生活与自然息息相关，也形成独特的生态文化、生态思想和生态伦理。上古时期，大禹治水的故事流传至今；战国时李冰父子治理都江堰造就成都平原沃野千里；秦朝开凿灵渠使长江水系与珠江水系连通，将岭南纳入华夏版图；珠三角地区的桑基鱼塘，水塘养鱼、塘基种桑、桑叶喂蚕、蚕沙饲鱼的生态智慧延续至今；北宋时期的江西赣州福寿沟，因地制宜设计地下排水系统，同时利用大量的地面水来调蓄控制雨洪，至今仍完好畅通；新中国成立后，老舍先生用《龙须沟》讲述新社会的诞生；2019 年，大运河国家文化公园启动建设，中国正在以更宏大的视野，更深远的历史观，更综合细致的国家治理，启动绿水青山的生态建设。

我国是人口大国，也是全球人均水资源最贫乏的国家之一，水利部预测，2030 年中国人口将达到 16 亿，届时人均水资源量仅有 1 750 立方米，因此如何协同水资源、水安全、水生态、水环境、水景观等内容，一直是涉水专业和风景园林专业共同探讨的问题。2019 年自然资源部要求全面启动国土空间规划工作，对蓝绿统筹提出新的编制要求，共同形成坚持资源上限、环境底线、生态红线的底线思维，水资源是重要的评价指标。

早在 1880 年代，有"现代景观规划设计之父"之称的奥姆斯特德主持了波士顿公园体系规划，用河流及滨水绿地的开放空间将数个公园贯穿成一体，将河流的自然演进过程与城市空间拓展相结合。后来被称为"翡翠项链"，实施工程中，也非常强调城市防洪和城市水系质量等问题，成为后来美国绿道体系和河流生态廊道的重要实践。

笔者自 2003 年在广东省城乡规划设计研究院深圳分院参加湖南益阳秀峰公园规划设计起，多年来参与多项滨水规划设计项目，2015 年起，受广东省城乡住房与建设厅委托，编制珠三角水岸公园体系规划研究，更是全面系统地了解了珠江三角洲流域的一些问题，广东省于 2018 年启动万里碧道建设，要求构建安全系统、生态系统、休闲系统、文化系统和产业系统，基于不少项目多半是景观牵头，且与 2009 年启动的绿道建设密切关联，笔者尝试在案例篇里，探讨大景观视野下的水清木华。

4.2 案例：珠三角水岸公园体系规划研究

4.2.1 背景：广东省线性空间规划建设探索回顾

　　2008 年 12 月，国务院批复同意实施《珠江三角洲地区改革发展规划纲要（2008—2020 年）》，基于纲要提出促进城乡绿化一体化的内容，广东省住房与城乡建设厅委托相关单位编制珠三角区域绿地规划。规划初步提出了珠三角区域绿地的规划目标，也提出了将划定生态控制线和建设区域绿道等内容，2010 年初，广东省通过了《珠三角绿道网总体规划纲要》，提出自 2010 年起，利用 3 年左右的时间，在珠三角率先建成总长 1 690 千米的 6 条区域绿道，各市将规划建设城市绿道与社区绿道并与 6 条区域绿道相连通，形成贯通珠三角城市和乡村的多层级绿道网络系统。自此绿道建设从广东开启，十年来逐渐成为深入各地民心的生态景观工程。笔者有幸全程参与了珠三角区域绿道的策划、研究、规划、指引、设计、咨询等工作，从此以后，广东省在线性空间建设方面的探索一直未停步。2017 年，广东省住建厅和省文化厅、省体育局、省旅游局联合印发了《广东省南粤古驿道线路保护与利用总体规划》，助力乡村振兴，2021 年 4 月，《广东省国民经济和社会发展第十四个五年规划和 2035 年远景目标纲要》发布，提及"十四五"期间要高质量推进美丽海湾和万里碧道建设，建成安全行洪通道、自然生态廊道、文化休闲漫道和生态活力滨水经济带。从绿道到碧道，是蓝绿生态空间统筹的进步，回顾笔者参与的《珠三角水岸公园体系规划研究》，以期能对当前碧道建设提供一些参考。

　　2014 年启动编制《珠江三角洲全域规划（2014—2020 年）》是对《珠三角改革发展规划纲要》的一次全面升级，规划中明确提出生态环境治理和健康生活相结合，以生态空间复合利用满足休闲生活时代需求，以"水岸公园"焕发滨水空间活力。2015 年 4 月16 日，国务院正式发布《水污染防治行动计划》（简称"水十条"），明确了未来中长期的水体治理目标。2015 年 8 月 28 日，住建部和生态环境部发布了《城市黑臭水体整治工作指南》。近年来，广东省的《南粤水更清行动计划（2013—2020 年）》《珠江三角洲河涌整治与修复规划》《珠三角生态安全一体化规划》等政策文件也为水岸公园水环境生态修复和黑臭水体治理提供了有力支撑。2015年，笔者与所在北林苑景观及建筑规划设计院项目组一道，启动"珠三角水岸公园体系规划研究"课题。

4.2.2 定义及经验总结

研究首先明确了公园体系的定义，以及国内外建设经验。《风景园林基本术语标准》（CJJ/T 91—2017）将公园定义为：向公众开放，以游憩为主要功能，有较完善的设施，兼具生态、美化、科普宣教及防灾等作用的场所。公园体系则是由若干类型的公园相互联系构成的一个有机整体，公园体系规划研究主要内容包括公园的类型、规模、等级和比例等。研究分析了水岸公园体系的基本构成和珠三角建设需求，定性珠三角水岸公园体系由水岸公园节点及绿道组成，在珠三角区域可以构成以水网为基础，由各类以水为主体的自然保护地、区域水岸公园链、特色滨水景观带、典型桑基鱼塘等构成的体系。

国际上对公园体系的研究实践，最早可追溯到奥姆斯特德的波士顿公园体系。1880 年，奥姆斯特德在波士顿的城市规划中首次提出了"公园系统"（park system）的概念，用河流及滨水绿地的开放空间将数个公园贯穿成一体，形成了后来被称为"翡翠项链"的公园体系。20 世纪 50 年代，巴尔的摩内港区启动城市更新，以 5 500 万美元的启动资金吸引投资和改善环境，建设了大量滨水休憩绿地、广场以及旅游设施。到 1990 年，市政府已可以从该项目中每年获得税收 2 500 万美元到 3 500 万美元，每年吸引游客达 700 万人，创造了 3 万个就业岗位。水城明尼阿波利斯则形成了以链状水体和"湖链"环绕城区，以水畔的风景路将各种公园、花园及休闲设施整合为一个整体的公园体系。

20 世纪 80 年代，德国巴伐利亚州政府启动鲁尔工业区复兴计划，以建设埃姆歇公园及水系治理作为区域转型的核心环节。先后完成污水净化厂投产与扩建，逐步挖掘地下排水渠、完成支流改造，举办了"埃姆歇景观公园"国际建筑展，逐步形成规划布局合理，体系完整的区域升级改造典型。

亚洲的新加坡、日本等国也都有针对滨水绿地、滨水生态开放空间所进行的研究与实践。20 世纪 90 年代，日本提出了"亲水"观念，开展了"创造多自然型河川计划"。如山口市一之坂川注重大型萤火虫栖息地的护岸工法，四国地区的土生川通过天然石材和植被，恢复自然河川"濑和渊"的河流形态，形成鱼类栖息地，同时成为区域水量调节的"海绵体"。新加坡 2006 年开展了"活跃、优美、清洁——全民共享水源计划"，建立了更加完善的公园水体系统，使公园、滨水空间、道路、居住区连成一体，成为一个完整的休闲空间。2005 年竣工的韩国"清溪川复原工程"主要由首尔政府通过削减年度预算的方式来投入，总投资 3 900 亿韩元（约 3.6 亿美元），也成为亚洲滨水区域改造的典范。

围绕水展开的城市滨水绿地的建设一直都是专家学者以及设计师研究的热点，如我国科学家钱学森在 20 世纪 90 年代提出了"山水城市"的概念，尹仿伦院士提出"以安全行洪为根本，以生态修复为载体"的生态规划理念，北京大学俞孔坚教授提出以水为核心的城市生态基础设施建设等。20世纪90年代后期，上海、广州、深圳、南京、成都、天津、杭州、苏州、青岛、大连、吉林等城市进行了规模不等的滨水公园、滨水景观的开发建设，使城市面貌焕然一新。如深圳海岸带公园链建设、广州海珠风情街的建设、上海黄浦江岸线规划、南京秦淮河沿岸规划、宁波涌江口绿化规划、汉口外滩滨江公园建设等都给城市滨水公园景观的发展添上了重要的一笔。但是国内鲜有基于区域范围的水系和水景观规划研究，珠三角区域作为珠江流域的重要构成，经济发达，同时，珠三角城镇化的快速发展带来大量污染问题，具备典型的区域复合水安全、水生态、水景观的系统解决的条件。

4.2.3 珠三角建设水岸公园的有利条件

1）水岸生态文化资源丰富

珠三角水岸地区生态文化资源丰富，为水岸公园体系建设提供了丰富的物质和文化基础。典型的水岸生态资源，包括水网、河流、内河涌、基塘、水库、海岸、红树林湿地等；典型的水岸文化资源，包括传统岭南水乡聚落、岭南水乡边沿景观、物质及非物质文化遗产，以及历史文化名城、名镇、名村、名街等文化遗存。

2）传统堤围的建设为水岸公园建设提供了空间载体

珠三角河网密布，河流孕育了珠三角文明，也带来了水患威胁，因此，珠三角的先民很早就开展了对河流的治理和管控，最主要的做法就是建设大量堤围，从最初以单一的防洪为主，到农业时期的围垦造田造地，到围垦与防洪相结合，堤围不断加强。目前，珠三角已建成和在建的主要堤围长度已达到6100千米。樵桑联围、中顺大围、佛山大堤、景丰联围、江新联围是珠三角的五大堤围。

　　珠三角堤围具备以下特点：一是堤围依水而建，具有良好的亲水环境；二是经过长期的修建和加筑，珠三角的堤围沿河网、海岸不断延伸，有利于开展线性慢行活动；三是堤岸两侧 100 米范围内为禁建区，为设置河岸绿化带、水岸公园和湿地公园等提供了空间；四是通过堤围串联绿道、滨水城市公园、湿地公园等，可以打造全联通、多层级的公园网络。丰富的岸线资源，以及传统堤围的建设为水岸公园建设提供了空间载体。

3）水岸公园建设已有一定基础

　　目前珠三角水岸公园的散点式建设已初具规模，且类型多样，包含了堤岸绿地（佛山东平新城景观带、千灯湖公园、深圳湾公园）、普通滨水公园（东莞望牛墩水乡公园、广州珠江公园、中山岐江公园）、湿地公园（珠海淇澳红树林湿地公园、南沙湿地公园）、桑基鱼塘与滨水农业园（佛山渔耕粤韵文化旅游园）、水资源依托型保护地（惠州国家级海龟岛保护区、增城区增江画廊水利风景区、肇庆星湖国家湿地公园）等。总体上，水岸公园的建设类型以滨河（江）、滨湖等堤岸绿地为主。很多区域只待联网成片。

　　截至 2014 年，省林业局已批建 13 个省级或以上的湿地公园。其中，珠三角地区 4 个，2015 年初新增 1 个。据统计，珠江三角洲区内共有 29 个湿地公园，这些公园都是对公众开放的、有或大或小的湿地净水系统。已建成的湿地公园选址大部分在洪季潮区界以南，大部分时间均受潮汐与河口共同作用，咸淡水交替。

　　珠三角约一半绿道沿水而建。6 条区域绿道主线中，1 号、3 号、6 号线均为滨水绿道；城市绿道中，珠海、惠州约 70% 的城市绿道为滨水绿道，其他城市的滨水绿道建设比率也达到了 40% 以上。

绿道的亲水性为水岸公园建设提供了强有力的支撑。

目前，珠三角区域绿道与城市绿道串联了自然保护区、风景名胜区、森林公园、湿地公园、文保单位等 11 种保护地。水岸公园建设可继续完善珠三角保护地网络。

4.2.4 珠三角流域问题

岸线难守：珠三角河道滩地资源保护情况不容乐观，上游地区占用河滩地建设，部分界河两岸各自为政，无序围河造地或商业化开发滩地，破坏自然岸线，河道蓝绿线难以坚守。

水安全问题越来越突出：珠三角快速、高度的城镇化使水岸地区大量地面硬化，雨水蓄滞能力大大降低，洪涝灾害频繁发生。2015 年 5 月 19 日至 25 日，广东地区出现暴雨到大暴雨、局部特大暴雨降水过程，部分地区遭受洪涝灾害。其中广州、惠州、肇庆及粤东北等 8 个市、27 个县（市、区）、201 个镇（街）局部地区受灾严重，全省受灾人口 111.96 万人；因灾死亡 13 人，失踪 3 人；直接经济损失 31.1 亿元。

水污染问题严重：根据《广东省江河水质年报》（2013 年），33% 的省控断面处于三类水以下，其中四类水主要位于珠江广州河段和中山石岐河，五类水位于东莞运河，劣于五类水标准的有深圳河。广州、深圳、东莞水污染情况较为严重，河涌水体黑臭，亟待治理。

水生态保护形势严峻：对于生物多样性问题，珠三角的关注远远不足。越来越严重的污染、围垦建厂房、养殖等因素让珠三角不得不面对各种各样的环境问题。红树林退化日趋严重；中华白海豚持续濒危；濒危的传统岭南水乡景观"松杉河道"的乡土树种"水松"正逐渐被外来品种落羽杉、池杉取代；东莞名称由来的"莞草"，其生境因水利设施的兴建而遭破坏，以致"莞草文化"日渐衰落；珠江水系 92 种鱼类濒危……珠三角生物多样性保护问题形势严峻。

而珠三角绿道网建设至今，生态、游憩等复合功能开发相对滞后，部分滨水绿道未能结合绿廊、缓冲林带打造，实际上只是普通慢行道，无法发挥生态廊道功能。

水景观不足：长期以来，水利部门在珠三角大江河及沿海地区的堤围建设中，常将堤岸设计成直立式的护岸断面，只单纯地考虑到防洪问题，阻碍了人的亲水活动。部分地区只顾眼前效益，将水岸地区出让给地产开发商、大型工厂企业，致使岭南水乡地区亲水性差，亲水空间、公共休闲开敞空间不足，滨水景观丧失了对公众的吸引力。

4.2.5 珠三角水岸公园体系建设的意义

本规划研究认为，推动水岸公园建设，一方面有利于延伸滨水绿道，进一步扩展生态廊道宽度，加快绿网和蓝网复合发展，同时挖掘与活化地方文脉，结合桑基鱼塘、河涌水巷、村落风水林、松杉河道、农田藕塘等岭南水乡风貌要素建设水岸公园，可传承与弘扬桑基鱼塘等农耕文化。另一方面通过亲水活动的策划，优化功能复合的场所，创建新型休闲空间，有效提升堤岸地区的宜居环境品质。

此外，结合各地海绵城市建设，区域水岸公园体系有利于从更广域范围建设海绵国土，有利于促进水岸地区的生态修复，开展城市黑臭水体治理，推进防洪（潮）建设。

通过连通体系优化绿道等城市慢行体系建设，串联和提升区域人文风景地、保护地，可进一步带动旅游、运动健身、宾馆餐饮等休闲产业，并对交通运输、商业网点、文化娱乐等相关行业产生辐射作用，对促进消费扩大内需，促进区域城市经济增长有积极作用。

4.2.6 可建设水岸公园用地论证

笔者在研究过程中，深刻感到当下推动水岸公园建设的最大障碍是多龙治水，部门协调成本巨大，项目组专门对蓝线内外的可建设用地作了研究。珠三角地区水岸周边用地类型，包括滨水码头工业区（码头区、工业区、码头工业区）、滨水居住区、滨水商业区和滨水综合区（公共服务）。并表现出以下特征：

① 距离市区较远或该片区城市发展定位以工业为主导功能的岸线周边，多以工业用地、码头、物流仓储、对外交通用地为主。如中山横门水道、江门潭江、惠州大亚湾石化区等。在经济下行风险增加、产业结构转型升级的背景下，创新不足的传统制造业将逐步退出，原有地块可部分恢复为水岸公园用地。

② 距离市区较近、穿越市区的河道、新区建设的岸线周边，多以居住、商业、公共服务设施用地为主。如深圳湾、珠海珠江口海岸带、深圳观澜河、惠州淡澳河、珠海黄杨河、江门滨江新区、肇庆新区等。此类用地可结合市民休闲诉求，尤其是新区岸线，可建设较多的水岸公园。

③ 远离市区，且生态资源良好的区域，多以生态保育类型用地为主，集中设置居住用地、商业、服务设施用地。如深圳大鹏新区、珠海磨刀门水道、惠州巽寮湾等。此类用地可结合集中设置的居民点，在周边新建生态保育类水岸公园。

根据水岸周边用地的组成要素，总结出珠三角滨水界面空间构成的 7 种典型模式中有 5 种滨水界面形式适合建设水岸公园，包括：城市活动—滨水交通—滨水游憩—水域模式、城市活动—架空交通（滨水游憩）—水域模式、城市活动—滨水游憩—水域模式、郊野—滨水游憩—水域模式、城市活动—滨水游憩（地下交通）—水域模式。

滨水地带废弃的厂房、仓库和码头，以及"赖水为生"的工业、仓储和运输业占据了城市最具活力和吸引力的景观空间，在城市发展、旧城更新过程中，可调整产业结构，对用地功能进行置换，建设以生态保育、休闲娱乐为主要功能的水岸公园，以恢复滨水空间的活力。

用地置换的实现手段有两种：改造和再利用。改造针对的是已无任何利用价值的旧建筑、旧地段，属于环境中不利的因素，需要清理拆除，为建设供市民休闲娱乐的水岸公园腾出土地；再利用，则遵循改造与保护并行的原则，把旧建筑、旧地段中富有价值的部分赋以新的功能，转变为水岸公园用途。

除了用地置换，还有用地协调的方式。根据建设深圳湾公园二期的经验，原有用地类型不一定要转变为公园绿地，在与相关职能部门协商并达成一致意见后，只需要将部分滨水用地（如园路）划入公园管理范围线，或在原有用地外侧架设栈道（需满足防洪或海洋管理要求），即可转变为水岸公园。

4.2.7 规划纲要

"珠江三角洲水岸公园体系专项规划研究"的研究范围为整个珠江三角洲地区，包括广州市、深圳市、珠海市、佛山市、惠州市、东莞市、中山市、江门市和肇庆市等 9 个地级以上市的全部行政辖区，面积约 5.46 万平方千米。

1）编制目标

深入贯彻落实科学发展观，坚持以人为本，以生态修复和黑臭水体治理、提高城市发展宜居性、促进居民休闲方式和经济发展方式转变为主线，通过高标准规划、省市互动、高效联动，积极稳妥地推进珠三角水岸公园体系建设工作。结合水道系统、绿道系统建设大流域、广覆盖、全联通的珠三角水岸公园体系，将其打造为国际领先的大区域"海绵体"、传承岭南水乡文化和建设世界级城市群的有力抓手、复兴堤岸空间活力的景观综合体、将线状绿道拓展为复合生态廊道的重要载体，以及"发展中保护，保护中发展"的创新典范。

2）技术路线

本规划研究主要包括现状评价、规划解读与经验借鉴、规划目标与策略、珠三角水岸公园体系空间布局规划、水岸公园支撑系统建设指引、水岸公园分区建设指引、建设时序与运营管理建议等内容。

3）规划结构

基于以上对珠三角水网空间的研究，提出珠三角水岸公园体系可形成"一带、三片、十三脉、多点"的空间结构。

一带：滨海岸线，由环珠江口湾区、大亚湾区、广海湾区三大湾区构成，包含基岩、砂质、泥质、生物和人工海岸等岸线。

三片：由西江下游水道系统、北江下游水道系统和东江下游水道系统共同形成的珠江三角洲水网密集区。

十三脉：指对建设区域水岸公园具有重要意义的13条重要河流廊道，包括6条城市界河廊道和7条跨市河流廊道。6条城市界河廊道(左、右岸)包括：①西江干流水道—西海水道—磨刀门水道；②虎跳门水道；③广昌涌—前山河；④桂洲水道—东海水道；⑤芦苞涌—西航道—白沙河—陈村水道—李家沙—洪奇沥水道；⑥东江北干流—珠江—茅洲河。7条跨市河流廊道(上、下游)：①芦苞涌—白坭河；②西江—思贤窖水道—西南涌；③佛山水道、平洲水道—后航道、三支香水道—官洲河、沥滘水道—珠江；④北江—北江干流水道—顺德水道—沙湾水道；⑤东海水道—凫洲河、小榄水道、鸡鸦水道—横门水道；⑥观澜河—石马河；⑦龙岗河、坪山河—淡水河—西枝江。

多点：包括以传统岭南水乡聚落—桑基鱼塘分布区为特征的岭南水乡核心，思贤窖三江汇流处—基塘系统次核心、深圳—东莞水库群次核心，以及其他红树林自然保护区、海龟自然保护区、水利风景区、湿地公园等保护地与基塘、水库、湖泊、低洼湿地等重要节点。

4）公园体系规划研究

根据前文研究，公园体系的重要特征包括公园的连接、类型、等级、数量、规模和比例等。珠三角水岸公园体系规划，可包含上述几类规划单元。在城市尺度中，公园体系以连接为核心特征。当"滨水走廊""休闲景观带"基本由水岸公园和绿道构成，将形成"水岸公园链"。

结合城市文化景观资源和堤岸水系走向，规划形成四条水上文化休闲游线：①滨海风情游线。串联珠海、广州、东莞、深圳、惠州等滨海水岸公园。②西江体验游线。即西江黄金水道线，串联肇庆老城、肇庆新区中轴线、三水、高明、江门滨江新区、江门银洲湖、珠海磨刀门。③东江文化游线。番禺莲花山、东莞水乡、广州新塘、东莞石龙、惠州博罗、惠州西湖等。④都市休闲游线。串联佛山新城东平水道、白鹅潭、珠江前航道（广州新中轴地区）。

水岸公园应致力于保护和提升珠三角生物多样性。将丰富的野生动植物引回城市，重建乡土动植物栖息地，保育、招引和扩繁萤火虫、螃蟹、鹭鸟等代表性生态指示物种种群以及"三有"保护动物种群，满足市民与大自然亲近的需求。

保证生态廊道宽度。一般认为，保护河流无脊椎动物的廊道（植被）宽度大约需要 3～12m；能够满足鸟类迁移和保护鱼类与小型哺乳动物的廊道宽度大约需要 12～30m；30～60m 的河流岸带宽度，可以满足野生动物对生境的需求，截获 50% 以上的沉积物，控制氮、磷流失，为鱼类提供有机碎屑和多样化的生境。

生态保育类水岸公园需要重视科普宣教系统的设计，应结合湿地生境与具体的动植物物种，设计生动详实的展示体系，通过多样化的设计，引导游客对湿地环境的身心体悟，增强游客的环境意识和生物多样性保护意识。

结合绿道网升级，在水岸沿线引入和设置更多的休闲设施，如绿道、步行道、临时活动场地等，把水岸公园从单纯地开敞地提升为供人们休闲交流的创意开敞空间。

龙舟、粤剧、花灯、河莲花、七夕节等民俗无一不代表了珠三角各地的特色风貌。深入挖掘地域特色，在珠三角水岸公园设计中突出地域性元素，展现风土人情和建筑特色，有利于提升水岸公园体系建设的文化内涵，延伸城市历史记忆、传承当地的民俗传统、彰显水文化。

4.2.8 碧道建设的一些借鉴

2020 年 12 月，《广东省全面推行河长制工作领导小组关于成立流域河长办的通知》正式下发（以下简称《通知》）。经省委、省政府同意，广东全面推行河长制工作领导小组，成立东江、西江、北江、韩江、鉴江流域河长办，负责各流域片区河长制、湖长制任务的组织实施工作，为全面治理河道奠定了扎实的工作基础。

2018 年 9 月，广东省正式签发 2018 年第 1 号广东省总河长令——《关于在全省江河湖库全面开展"五清"专项行动的动员令》，动员令指出高质量建设广东万里碧道是省委、省政府作出的重要决策部署。2019 年，广东正式启动 1 个大湾区碧道和 10 个粤东、粤西、粤北地区碧道的省级碧道试点建设（总长 180 千米），进一步探索生态、经济、文化、社会协调发展的治水新模式。

万里碧道是以水为主线，统筹山水林田湖草各种生态要素，兼顾生态、安全、文化、景观、经济等功能，通过系统战略思维共建共治、优化生态、生产、生活空间格局，打造"清水绿岸、鱼翔浅底、水草丰美、白鹭成群"的生态廊道，成为老百姓美好生活的好去处，成为"绿水青山就是金山银山"的好样板，成为践行生态文明思想的好窗口。碧道划定了核心区、拓展区、协调区，构建安全、生态、游憩、文化、产业五大系统，根据 2020 年 8 月广东省河长办发布的《广东省万里碧道总体规划（2020—2035）》（简本）的相关内容，在珠三角区域的东江、西江、北江、韩江、鉴江五条大江大河流域范围，建设大湾区岭南美丽碧道网、东江饮水思源生态长廊、西江大河风光黄金水道、北江南岭山水画廊、韩江潮客文化长廊、鉴江画廊美丽蓝湾。其中大湾区岭南美丽碧道网由珠江活力都会碧道、深圳现代都市示范碧道、环湾滨海碧道、岭南田园水乡碧道、潭江侨乡碧道 5 条特色廊道构成。

笔者参与了深圳多个区碧道规划的评审，根据笔者过去一年多参与的碧道建设前期项目来看，虽然各地在万里碧道总体规划指引下编制了各市的碧道建设规划，但是具体到碧道建设时仍存在边界不清、工作内容重复、用地难协调、重水景观轻水安全、水环境等问题。而各地碧道建设多半由水务部门牵头，不确定的土地利用性质、各职能部门建设内容交织重合，成为碧道建设前期工作的难点和重点。此外，碧道研究范围划定与资源评价的工作也没有得到充分重视，导致不少建设项目论证不足，过度设计。珠三角水岸公园体系规划研究或能为当下的碧道建设提供一些借鉴。例如重视区域研究与体系构建，把握不同尺度的碧道项目的规划控制与建设导则；重视涉水相关的资源评价，尤其注意搜集已经在建、已经立项未建的相关项目，重视用地建设可行性论证，针对碧道划定核心区、拓展区和协调区，应结合《GB 50513—2009 城市水系规划规范》（2016 年）的相关内容，与区域控制性规划与城市设计结合，在水生态层面，注意营造生物多样性，在景观风貌层面，注意节点的打造和项目策划，在水文化与水产业部分，更要与区域发展规划和重大项目策划一起论证，尤其注意在水安全与水环境指标方面与涉水部门、环保部门沟通。笔者认为，碧道作为特殊的以水为主体的线性空间，蓝绿统筹，水城一体，远近结合，需要多专业沟通，多部门协调，并应重视长期性检视，保证滨水区域的建设。

参考文献

[1] 深圳市北林苑景观及建筑规划设计院有限公司，广东省城乡规划设计院有限公司.珠三角水岸公园规划体系研究 [R].2014.12.

[2] 广东省城乡规划设计院有限公司.珠江三角洲全域空间规划（2016—2020）[R].2014.

[3] 广东省水利厅.广东省万里碧道总体规划（2020-2035）[E].广东省水利厅网站.[2020-09-15].http://slt.gd.gov.cn/gfxwj/content/post_3103888.html.

[4] 广东省环保厅.2018 年第 1 号广东省总河长令签发 全省江河湖库全面开展"五清"专项行动 [E].广东省环保厅网站.[2018-09-19].http://gdee.gd.gov.cn/shbdt/content/post_2327256.html.

备注

本研究参与人员：

北林苑景观及建筑规划设计院有限公司：何昉、庄荣、锁秀、王招林、罗慧男、宋政贤、张莎、周忆、冯景环等

广东省城乡规划研究院有限公司：马向明、任庆昌、蔡穗虹、王果等

5 田园牧歌

Rural Landscape

5.1 乡村振兴的愿景

　　南怀瑾先生曾有言："三千年读史，不外功名利禄；九万里悟道，终归诗酒田园。" 陶渊明的《归田园居》描绘的是国人心目中的理想乡村图景，也是乡愁的诗意描绘："方宅十余亩，草屋八九间。榆柳荫后檐，桃李罗堂前。暖暖远人村，依依墟里烟。狗吠深巷中，鸡鸣桑树颠。"田园牧歌是大地风景中动人的一幕，乡村从发展史的角度，往往在哲学层面形成与城镇的对冲，城镇是聚，乡村是散，让中国人能进能退，固守着印象中的远方风景一角。虽然《风景园林基本术语标准》（CJJ/T 91—2017）并未收录乡村景观的术语，但是新的城乡用地增加了村庄绿地与公共空间用地，在未来的乡村人居环境建设中，乡村景观规划设计需要回溯历史、了解政治、了解经济，为不断变化的乡村设定美丽乡村的建设愿景。

　　中国千年历史，以家族为核心的单元一直是乡村人口的主体，乡贤成为村约和祖宗祭祀的重要推动者；秦朝行政大一统之后，郡县制的划分保证中央集权的背景下，乡村作为行政区域划分的最小单位，一直沿袭至今，构成农业社会稳定的基础；汉代思想大一统之后，男耕女织构成农业社会的主要产业业态，不少大儒参与乡村规划建设，形成若干历史文化名村。城镇与乡村在经济形态上彼此依存，空间形态上各自聚集与分散。景观上前者是高度人化的自然，后者是高度自然的人居环境。然而乡村基于区位不同，具备不同的发展模式和空间资源，以笔者目前所在的深圳城中村为例，其景观呈现快速城镇化背景下特大城市景观中的特殊图斑，针对城中村的话题一直是行业热点，对乡村精神的传承，乡村聚落空间的优化，乡村环境整治都各有观点，2021 年首次启动的三联人文城市奖，深圳都市实践提交的"南头古城重生计划"入围公共空间和社区营造奖，表明深圳城中村改造的工作思路和方法获得了认可。

对广大西部及欠发达地区的农村而言，乡村振兴与可持续发展关联。2015 年 11 月，中央召开扶贫工作会议，应对联合国大会的可持续发展 2030 目标，打响扶贫攻坚战，与乡村振兴战略同步推进。2017 年乡村振兴上升为国家战略之后，2021 年中央一号文件全面推进乡村振兴做出总体部署，要求全面推进乡村产业、人才、文化、生态组织振兴，充分发挥农业产品供给、生态屏障、文化传承等功能，加快形成工农互促、城乡互补、协调发展、共同富裕的新型工农城乡关系。2021 年 2 月，在扶贫办基础上成立乡村振兴局，开启"十四五"期间新一轮乡村振兴计划。

《全国主体功能区规划》构建了中国国土空间的生态安全、农业生产、城镇化三大战略格局，笔者 2009 年参与贵阳花溪湿地公园规划设计，2012 年参与南京江宁美丽乡村总体规划，之后参与系列广东省新农村示范片建设，项目过程包括创建申报，总体规划、详细规划、工程设计等，清远阳山新农村示范片建设后来被南方日报大幅报道，习近平总书记也到清远重点视察乡村建设情况。一些风景名胜区、滨河景观项目也与景中村关联，笔者在案例篇以花溪景中村为例，尝试以规划设计者的身份，立足美丽中国视野下的美丽乡村，重点聚焦城乡融合、乡村绿色发展、乡村文化兴盛、乡村宜居宜业，奏响新时代的田园牧歌。

5.2 案例：生态视野下的景中村可持续规划
——花溪国家城市湿地公园十里河滩片区修建性详细规划

湿地是影响人类社会存在和可持续发展的重要生态系统，被称为"地球之肾"。贵州是联合国教科文组织推荐的世界十大"返璞归真，回归自然"旅游目的地之一。贵阳市花溪区地处云贵高原苗岭山脉中段，水系特征多样，花溪河等7条汇入长江水系，青岩河等8条汇入珠江水系，具备稀缺的长江流域和珠江流域上源区位，同时具备典型的高原河流湿地景观。花溪风景名胜区，因其真山真水、布局天然而闻名于省内外，素有"高原明珠"之美誉。陈毅同志曾有诗赞曰："真山真水到处是，花溪布局更天然。十里河滩明如镜，几步花圃几农田。"2009年底，笔者与深圳市北林苑景观及建筑规划设计院有限公司项目组一道，根据申报条件编制了相关文件，协助贵阳市花溪国家城市湿地公园成功申报为西南地区首个国家级城市湿地公园。2010年，受贵阳市政府、花溪区规划局委托，北林苑继续针对花溪湿地公园中重要的十里河滩片区编制修建性详细规划，编制组根据项目的重点难点，灵活兼顾村寨发展、政府要求、国际标准，务实规划，协助政府全面统筹，有序推进湿地的保护和建设。十里河滩流域内的花溪河沿岸是包括布依族在内的传统民族聚集区，笔者有感在规划中针对景中村的专项研究，特此分享。

5.2.1 规划编制背景

贵阳市花溪国家湿地公园以花溪河为核心，东抵大将山脚，西邻花溪大道，南至洛平新区，北至贵阳市花溪区与小河区的边界，总用地约460公顷，包括十里河滩、花溪公园、洛平至平桥农业观光园三个主要片区，定位为面向花溪片区、服务全市乃至西南地区的，以反映高原生态湿地为特色，体现民族文化风情、生态观光农业等特色景观风貌的国家级城市湿地公园。

其中，花溪公园片区保留其旅游、度假、休闲、科学考察、文化娱乐、体育娱乐等功能，完善与湿地公园的综合配套，继续发挥其综合性省级风景名胜区的旅游、游憩、接待等作用。农业观光园片区定位为湿地公园内重要的发展用地，引入生态农业模式，将花卉种植、体验农业、农家乐等活动与农业生产相结合，分流花溪公园的游客，提供多样的旅游观光体验。

十里河滩片区南起花溪公园大门，北至花溪区与小河区交界处，西临花溪大道，东抵大将山脉山脚沿线，控制面积约219公顷，南北向总长约6.7千米，是贵阳市水源保护地，也是湿地公园划定的核心保护区。规划条件最为复杂，保护需求最为迫切，编制组根据现行湿地编制规范性文件，结合公园绿地规划、风景名胜区规划、林业规划、水利规划、城镇规划等文件，全面帮助政府统筹片区的难点和焦点问题。

图 5.1　花溪十里河滩

5.2.2 资源及现状

十里河滩湿地范围内，花溪河长度为 13.52 千米，集水面积为 356 平方千米，河段上分布着花溪水厂、中曹水厂等取水口，是贵阳中心城区重要的饮用水源地。河水自北向南流，与东侧绵延的大将山脉共同构成了贵阳市南面的通风廊道，山下、河边散落着农田与村庄，风景明秀、质朴自然。

湿地类型：十里河滩是典型的湿地类型，是云贵高原贵州中部喀斯特地区河流湿地，还有沼泽、湿草甸、淡水泉等；人工湿地主要有人工湖泊、池塘、稻田、季节性泛洪的农业用地、水库和沟渠等。十里河滩片区的花溪河总体比较平缓，多绿滩、孤岛、深潭，河滩竹木夹岸，有花溪平桥、董家堰桥、麦翁桥等交相辉映，形成丰富多样的河滩景观。

动植物：十里河滩片区生态资源多样，现状植被主要包括湿地植被、农地、苗圃、少量林地和园林植被。湿地植被主要由花溪河水域的湿生植物群落组成，包括河岸的灌丛湿地植被和具备多种浮水、沉水、挺水植物群落的草本湿地植被。动物含多种浮游生物、昆虫、鱼类、两栖类、鸟类等，此外，十里河滩内曾经出现过国家Ⅱ级保护动物大鲵、国家Ⅱ级保护鱼类岩原鲤，但因过度捕捞，现已难寻踪迹。

人文：十里河滩以西，是贵州省高校密集区，有贵州大学、贵州民族学院等高校，自然质朴的山水与书香校园交相辉映，莘莘学子不时出没在田地和滨水带，此外，悠闲的垂钓人群，下河嬉戏的孩童，构成一幅现代田园的动人风景。

民族村寨：花溪国家城市湿地公园范围内的少数民族有苗族和布依族，十里河滩段在上水团寨，麦翁古寨等村寨有部分代表布依民居特色的石板房，因与城市生活关系密切，各村寨民族特征不太典型。

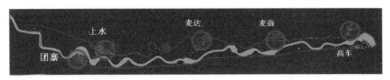

图5.2 花溪十里河滩村寨节点

图片来源：深圳市北林苑景观及建筑规划设计院有限公司．贵阳花溪十里河滩修建性详细规划文本

5.2.3 面临的问题

1）用地复杂

十里河滩片区居民点现有龙王村、团寨村、上水村、董家堰村、翁达村、七驾车村等行政村寨、3个社区、1个科研用地，规划区范围内东侧为林地，以人工林为主，中部为河道，河两侧主要为农田、苗圃与草莓大棚，各村寨超建、违建现象严重，在董家堰有少量游憩绿地和旅游服务设施，土地确权工作十分艰难。

2）污染隐患

十里河滩片区花溪河沿岸各村寨排污、排水、垃圾收集等市政设施不完善，两岸的部分农户自发组织橡皮船、休闲桌椅、烧烤等设施进行旅游接待，管理粗放，对河水造成很大的污染隐患。此外，农田的粗放耕作，大量的小微化粪池，部分垂钓人直接在河中剖鱼洗鱼，也对水质造成了不同程度的污染。

3）交通压力

目前前往花溪消暑度假的人越来越多，十里河滩片区周边规划了便捷的城市交通，公路主要有南北向的花溪大道、花溪二道与东西向的溪北路和西南环线，也给十里河滩片区的生态环境带来噪声、污染等压力。

片区内部，山脚下的机耕路、土路基本串接起各村寨，拖拉机、摩托车出入频繁，机动车与河堤道、游览道上的行人混行，现有几个桥主要功能为满足各村寨与花溪城市之间交通联系，本身的文化内涵与风景价值亟待提升。

5.2.4 规划对策

1）严格生态控制，合理布局景观

（1）生态敏感性分析下的总体控制

十里河滩片区高差较小，能够集中开发的区域坡度平缓，故选择水域、植被、道路、人类活动四项因子进行片区生态敏感性综合分析。利用 ArcGIS 空间分析技术，将十里河滩所在区域分为高度敏感区、中度敏感区和低度敏感区三类，以此为据划定生态分区，并严格执行河道蓝线控制线规划（图5.3）。

（2）层级分明的规划结构

根据所处地的地貌和生态功能划分，十里河滩片区形成"五区三脉"规划结构。五个功能区为：生态核心区、湿地科普展示区、花圃展示区、湿地游

图 5.3 花溪十里河滩修建性详细规划总平面图
图片来源：深圳市北林苑景观及建筑规划设计院有限公司.贵阳花溪十里河滩修建性详细规划文本

览区、民俗文化体验区。三脉为：水脉——花溪河高原湿地轴；林脉——大将山山林生态轴；地脉——原住民民俗体验轴（图5.4）。

（3）设施完备的功能分区

①生态核心区（重点保护区）。贵阳市中曹水厂取水口是一级水源保护地，也是湿地公园核心区，禁止新建、改建、扩建与供水设施和保护水源无关的建设项目，只允许开展各项湿地科学研究、保护与观察工作，在确保原有生态系统的完整性和最小干扰的前提下，可根据需要设置一些小型设施。

②湿地科普展示区。选择临近重点保护区的区域建立湿地展示区，展示湿地生态系统、生物多样性和高原湿地自然景观，开展科普

图5.4 十里河滩片区土地利用现状图
图片来源：深圳市北林苑景观及建筑规划设计院有限公司.贵阳花溪十里河滩修建性详细规划文本

宣传和教育活动，加强公众对自然栖息地的了解、丰富生态体验，使其成为独具特色的教育、宣传和展示中心。

③花圃展示区。以现有花圃资源为特色资源和展示对象，形成"十里河滩明如镜，几步花圃几农田"的特色景观风貌。可根据产业发展和种植景观规划，适当引导种植产品，使生产和游赏协调发展。

④湿地游览区。以现有农田为特色资源和展示对象，利用南北两块湿地敏感度相对较低的区域，规划为湿地公园游览活动区。利用现有贵州省水产科学研究所等生态系统敏感度相对较低，与外部交通有便捷联系的区域设置管理服务区，尽量减少对湿地整体环境的干扰和破坏。

⑤民俗文化体验区。充分利用现有村寨进行改造，有选择地赋予其新的景观和功能属性，引导农民就地进行产业转移，逐渐从以农耕为主转变为以服务业为主，为公园游客提供餐饮、娱乐、向导、讲解等服务，逐步融入以当地湿地为环境的新的生活方式。

（4）多元并存的景观规划

花溪国家城市湿地公园十里河滩片区根据生态保护要素和景观特征共设计"两堤六景"，分布在各段，形成连贯的景观游赏体系。两堤为：

春堤拂晓：位于花溪河西岸，结合道路绿化隔离带，在河堤种植杨柳、柳树下配置春季开花灌木，营造富于人文气息的滨河休闲空间。

秋堤沐晚：花溪河东岸主要是村民的生产生活道路，在河堤处营造秋季植物景观，与春堤遥相呼应。

从南到北六景依次为：古村遗韵、故人田园、黔地往事、烟雨柳风、荷塘映月、湿地花田。

其中古村遗韵、故人田园、黔地往事景点为上水村、团寨现有的村落肌理和古民居建筑，营造具有花溪特色的少数民族古村情怀风貌。烟雨柳风、荷塘映月、湿地花田等景点分别根据种植特色，营造不同季节的典型景观，保留农田为特色资源和展示对象，种植大片壮观的草本花卉，形成郊野花田的植物景观。

（5）特色鲜明的植物规划

①植物规划兼顾生境规划。严格保护和培育花溪河现有的水生植物，堤岸种植耐水湿的湿生植物和鸟饲植物，形成河岸生态交错带的动物栖息生境；结合现状苗圃和河岸绿化带大力种植乡土阔叶树，提高片区的物种多样性；结合河道整治，恢复河流的蜿蜒性结构，形成浅滩和深潭，建设低坝并设置鱼道等，为鱼类提供食物或形成良好觅食环境；利用滩涂、河岸等潮湿、温暖的环境，结构层次多元化的植物群落，营造适宜蛙类等两栖爬行类动物的生存繁衍环境。

②完善绿水花溪、四季印象。选用贵阳丰富的乡土植物，利用植物本身的形态、质感和色彩的有机搭配，与景观规划相协调，形成绿水花溪、四季印象景观节点，在水、花、田、林中感受十里河滩的生意盎然。

③体现村寨特色。充分发掘和利用村寨现有植物，种植乡土开花植物，形成"一寨一花"的主调配置。例如上水团寨以夏花紫薇为主景植物；上水大寨以种植樱花为主；麦达寨利用现有的荷花池，增加荷花品种；麦翁古寨利用附近大片的椤木石楠林，增加相应的春花系色叶植物；高车巷大量种植春季先花后叶的玉兰。

2）以人为本、绿色慢行的交通规划

（1）对外交通规划

花溪区未来有若干穿过十里河滩的重要对外交通系统，以立交的方式从十里河滩上方穿过，规划注意控制沿线的林带种植，降低噪声污染，西侧的花溪大道划定控制绿带，在花溪大道红线内规划自行车道，与城市公共交通系统，公园开放性游赏系统形成资源共享。考虑到十里河滩湿地的生态敏感性及用地稀缺性，在未来可根据城市交通设施规划立体式停车场或分散设置小型车地下停车场，增加湿地公园的绿地率。

（2）内部道路系统

加强绿色慢行系统的建设，将十里河滩内部交通的组织分为三级园路，提供步行与自行车两种游憩方式，并与外部交通对接，形成片区绿道网络，鼓励绿色低碳的出行方式。

一级园路贯穿十里河滩全程，连接花溪河周边各主要景点，可步行和骑自行车；二级园路利用原村道和游览道，主要作为一级园路的补充，形成较完善的交通游憩系统；三级园路主要形成局部景点游览小环线并提供滨水游憩空间，以栈道、汀步等形式与自然环境充分结合。

5.2.5 可持续发展的村寨规划

1）总体策略

保护：保护那些村寨里传统历史文化和民族民俗的种子，并能赋予其新时代的价值观。

重现：立足于传统，升华提炼，重现村寨典型地域特色的空间聚落和建筑景象，使外观与文化内涵统一。

更新：湿地公园的保护是长期的过程，村落的动态发展应在严格执行生态保护的原则下，与湿地公园一起慢慢生长，形成生态、人文、艺术并举的特殊空间。

发展：应遵循村寨各自的特色，创造性提升村寨的基础设施、产业发展、人文特征与旅游服务。

2）有序推进村寨改造

十里河滩片区从北到南各村寨建筑规模、形象、格调不统一。根据贵阳市相关上层规划、村落保护程度和建筑等级，湿地公园控制区内的村寨建设改造分为四种类型：搬迁型、控制型、缩小型和聚居型，参考现有村庄的建筑肌理和贵州民居的建筑形式，在花溪湿地公园北面另规划283亩地（约15.87公顷），建设聚居型社区（表5.1）。

搬迁高车巷，拆除牛角岛西片区花溪车站片区的商业用地，根据实际情况改造成园林绿地；简易整治麦达寨、团寨、花溪山庄和中兴花园，严格限制其新建住宅。花溪山庄居住用地使用期限到期后，拆除现有的住宅，结合地势把现有的居住用地改造成园林绿地或者林地。

重点整治麦翁古寨和上水村，加强对麦翁古寨和上水村的建筑改造和配套设施的建设，转变原有村落居住的功能，建设体现花溪特色的文化展示区。重点针对麦翁古寨提出控制性图则（图5.5）。具有300多年历史的麦翁古寨位于十里河滩国家城市湿地公园的核心区域，北接孔学堂，南临花溪公园，完好地保存着传统布依村寨的格局。

3）建筑改造指引

以生态保护线为界，拆除花溪两岸生态保护线范围内的违章建筑；保护湿地公园的生态环境，严格控制建筑物的布局、体量、色彩、风格；对花溪河两岸保留的建筑进行立面整治；游客中心和管理处、游客服务点等新建建筑继承当地传统建筑风貌（表5.2）。

十里河滩沿线建筑及村寨建筑改造整治工作主要包括以下几方面内容：

（1）檐口与屋顶

规划范围内的现有建筑以低层坡屋顶和平屋顶形式为主，规

表 5.1 村寨布局规划一览表

村寨名称	现状户数和总面积（平方米）	规划定位	规划人均建筑面积（平方米）
上水团寨	72 （22152）	简易整治	84
上水大寨	272 （63951）	重点整治，改造为入口配套服务区	74
麦达寨	97 （29525）	简易整治	79
麦翁寨	77 （32193）	重点整治，改造成有民族特色的村寨，满足部分民宿需求	107
高车巷	66 （19415）	搬迁后景观改造	56
总计	584 （167236）	—	—

划在传统屋顶形态的基础上加以简化变通，使其保留一部分传统特征。但由于传统做法不尽相同，建筑屋顶檐口采用全坡屋顶、局部屋顶做成小青瓦坡面或小青瓦女儿墙。

（2）院坝绿化硬化

对屋前屋后的院坝进行硬化处理，采用水泥或青石铺设，院墙以透空绿色篱笆为主，局部种植花卉、竹子、樱桃树等植物，并可设置石桌、石椅等休闲设施。

（3）门与窗

现状建筑门、窗与建筑立面不协调，可按规划改造为比较坚固、美观或具有地方特色的门窗。门设计以传统木制隔扇门、木板门为主，形成古典沉厚的效果；采光窗可使用木质玻璃窗，色彩需协调统一。

规划拆除户数和总面积（㎡）	重点改造户数和总面积（㎡）	普通改造户数和总面积（㎡）	居民点类型	规划安置点
54（16614）	18（5538）	0	缩小型	18.87 公顷
40（9405）	109（25627）	123（28919）	控制型	18.87 公顷
8（2435）	45（13697）	44（13393）	缩小型	18.87 公顷
13（5435）	25（10452）	39（16306）	控制型	18.87 公顷
66（19415）	0	0	搬迁型	18.87 公顷
181（53304）	197（55314）	206（58618）	—	—

表 5.2　建筑改造指引

	屋顶	墙面	外墙门窗	防盗网
重点改造	屋顶平改坡或屋顶绿化	石材贴面，涂料粉刷或整体优化	按造型需要更换门窗	更换
普通改造	屋顶遮蔽	一般涂料粉刷或清洗	门窗清理	刷新

（4）建筑立面与建筑色彩

对于保留的木结构房屋，清洗、整理，墙面刷漆保养；对于新建或保留的砖混结构房屋，外墙下部采用石板或者片石墙底；墙面上部采用水泥清光，刷白色乳胶漆，加仿木质贴面构件；屋脊和檐口局设计为白色，加强村寨空间的连续感。

4）村寨调控与旅游发展并举

抓住西部大开发和"泛珠三角经济合作"的历史机遇，结合

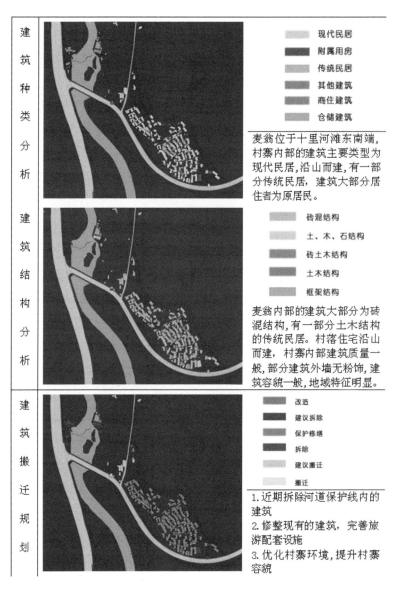

图 5.5　麦翁寨改造图则

图片来源：深圳市北林苑景观及建筑规划设计院有限公司.贵阳花溪十里河滩修建性详细规划文本

建筑种类分析

现代民居
附属用房
传统民居
其他建筑
商住建筑
仓储建筑

麦翁位于十里河滩东南端，村寨内部的建筑主要类型为现代民居,沿山而建,有一部分传统民居，建筑大部分居住者为原居民。

建筑结构分析

砖混结构
土、木、石结构
砖土结构
土木结构
框架结构

麦翁内部的建筑大部分为砖混结构，有一部分土木结构的传统民居。村落住宅沿山而建，村寨内部建筑质量一般，部分建筑外墙无粉饰，建筑容貌一般,地域特征明显。

建筑搬迁规划

改造
建议拆除
保护修缮
拆除
建议搬迁
搬迁

1.近期拆除河道保护线内的建筑
2.修整现有的建筑,完善旅游配套设施
3.优化村寨环境,提升村寨容貌

村寨改造、旅游策划，积极推动片区可持续发展。一方面，结合民族节日，重点展示原汁原味的原发性民俗活动，在麦达寨、麦翁古寨等地举办展示布依族的民俗活动；另一方面，结合贵阳建设生态城市和"避暑之都"的品牌营造活动，结合湿地国际会议的召开，吸引各种避暑型度假需求的外来人群，精心策划花溪湿地文化节，拓展民宿、农家乐等市场需求，做好准备，迎接西南地区休闲时代和生态旅游热潮的来临。

随着贵阳打造生态文明城市，花溪建设生态文明示范城区的推进，在城市空间发展、城市基础设施建设、旧城改造、园区建设、大型投资项目建设的过程中，必须结合新农村的整体发展，为当地村民拓展更多的就业机会和创业渠道，灵活结合土地征转政策，结合创新休闲产业和旅游产业，保障村民收入稳步增长，同时，政府应调整运营机制，结合花溪湿地公园管理，建立公共服务保障体系，以外来游客和本地村民的不同需求为导向，建立和完善公共休闲产品体系，公共服务体系，共进共建体系，为建设资源节约型、环境友好型社会作出优良示范。

5.2.6 结语

地处西南高原的花溪湿地虽然填补了高原湿地的空白，但项目本身复杂多样，集生态保护、水利工程、村寨改造、民族遗存保护、生态旅游等内容于一体，今后的建设、管理，尤其是实现人与自然和谐共处与可持续发展，还将面临一系列的问题。本项目在时间短、任务重的背景下因地制宜地采取适用于当地的规划对策，实现了在以保护为核心前提下的务实规划。花溪国家湿地公园也于2011年9月6日开园，公园开业至今，以麦翁古寨为代表的民族村寨显示出旺盛的生机，不但成为公园重要的特色景点，也成为公园重要的

图 5.6 花溪十里河滩麦翁古寨已经是著名的旅游村

旅游配套餐饮、住宿服务设施的聚集地（图 5.6）。

2019 年，在花溪区拓展全域旅游的背景下，十里河滩附近的村寨各自都有了发展，麦翁古寨也在持续改进中。古寨于 2011 年被贵州省布依学会定为"贵州省布依族'六月六'活动基地"，2017 年被国家民委授予"中国少数民族特色村寨"，2018 年被评为标准级乡村旅游示范基地。2019 年，贵州民族大学建筑工程学院的学者与社区一道制定了麦翁方案。建立麦翁古寨新时代文明实践站，建成民族文化陈列馆、民族文化传习基地、民族文化广场、民族文化长廊、平语亭、图书馆、溪云书院等文明实践阵地；成立旅游服务理事会，会员由村（居）党员、经营户、住户共同组成，下设文化服务社、旅游服务社和旅游促进会，形成"三社联动"的共治、共建、共享治理新格局，形成十里河滩旁的亮点。笔者于 2020 年两次回访花溪十里河滩湿地公园并到麦翁古寨体验，深感景中村的改造策略一定是动态且不断优化，规划阶段提出控制目标，建设阶段步步为营，保证景与村的良性互动。

参考文献

[1] 深圳市北林苑景观及建筑规划设计院有限公司 . 贵阳市花溪区中心城区绿地系统规划（2009—2020）[R].2009.07.

[2] 深圳市北林苑景观及建筑规划设计院有限公司 . 贵阳花溪城市湿地公园资源调查报告（2009—2020）[R].2009.07.

[3] 深圳市北林苑景观及建筑规划设计院有限公司 . 贵阳花溪城市湿地公园十里河滩片区修建性详细规划 [R].2009.07.

[4] 仇保兴 . 城市湿地公园的社会、经济和生态意义 [J]. 中国园林 , 2006,（05）05-08.

[5] 国家林业和草原局，易道环境规划设计有限公司 . 湿地恢复手册 原则·技术与案例分析 [M] . 北京：中国建筑工业出版社 .2005.

备注

本项目参与人员：何昉、庄荣、锁秀、洪琳燕、袁俊峰、杨政华、肖洁舒、陈坚、庄振、程智鹏、高杨、陈俊文、王国栋、许新立、李勇、高阳、唐彦峰、周婉玲等

此外，民族村寨改造专题研究有贵州省建筑设计研究院刘兆丰等参与，一并致谢

下部

新领域

6 绿地系统

Green Space System

6.1 整固拓展绿色发展的根据地

生态文明时代，应对未来的危机需要启动一场深刻的绿色革命。这场革命包括能源结构优化、工业农业生产方式变革、建筑与交通的减碳减排等，土地是这场绿色革命的根据地。新一轮的国土空间规划重新定义了国土的内涵，整合了一系列空间要素，从生态空间到农业空间到城镇空间，绿地系统作为贯穿三个空间的重要生态要素，其规划建设也应拓展到新的领域。本部分主要与城市绿地系统专项规划相关，并探讨在国土空间规划背景下的绿色基础设施规划的可行性。

根据《风景园林基本术语标准》（CJJ/T 91—2017）中的定义，城市绿地系统是指由城市中各种类型、级别和规模的绿地组合组成并能行使各项功能的有机整体。笔者认为这个定义仍然局限于城镇体系的绿地。在生态空间和农业空间，广义的绿地与自然关联，我们也需要重新立足人与自然的关系，审视各类绿地的规划与建设。

在全球可持续发展的背景下，城市绿地作为城市的基础性要素之一，在城市发展与建设中的作用愈发重要。传统的城市绿地系统规划是对一定时期内各种城市绿地进行定性、定位、定量的统筹安排，形成具有合理结构的绿色空间系统，以实现绿地所具有的生态保护、游憩休闲和花卉文化等功能。因此才会有深入编制城市绿地系统专项规划的常规工作。作为城市总体规划的专项规划，城市绿地系统规划对城市总体规划中绿地布局进行深化和细化。而国土空间规划的定义对原来城市规划的专业范畴进行了扩容，从业者将从城市规划师变成城乡规划师，再进一步晋级为国土空间规划师。在这个蜕变过程中，风景园林师的规划职能应该与国土空间规划师的工作内容重合，渐渐回归美国景观之父奥姆斯特德的初衷——城市孕育于自然，是大地景观的一部分。基于中国国情的特殊性，笔者在本部分审慎探讨绿地系统规划的新领域，包括与国土空间规划的深度融合，并且重新审视自 2013 年起笔者参与的广东省绿色基础设施规划实践的相关内容。

《城市绿地规划标准》（GB/T 51346—2019）里，明确了城市绿地、区域绿地、市域绿地系统、绿色生态空间、风景游憩体系、城区绿地系统、公园体系等术语，为衔接新一轮国土空间规划中的自然保护地专项规划、公园城市规划特色规划奠定了良好的工作基础。笔者在多年的绿地系统规划编制实践中见证了从宏观到微观、从单一到复合的历程，2009 年广东省住房与城乡建设厅启动的广东绿道建设工作，就是从珠三角区域绿地规划编制开始，之后在 2013 年住建厅绿道升级培训中，探索从绿道到绿色基础设施的广东道路。

基于绿地系统专项规划是国家管理部门认定的法定规划，绿色基础设施规划可以看作是以绿地系统为基础，进一步拓展城乡之间、蓝绿之间，人与自然之间的生态空间战略规划。本章的案例篇是基于广东省绿道升级而编制的广东绿色基础设施规划实践。

6.2 案例：广东绿色基础设施规划实践

　　由于近年来环境保护意识的增强和生态型基础设施的建设要求，一些学者将生态化绿色环境网络设施分离出来，归类为一种新的基础设施——绿色基础设施（简称 GI: Green Infrastructure），而将其他常规基础设施称为灰色基础设施。其思想始于 150 多年前美国自然规划与保护运动，主要受奥姆斯特德有关公园和其他开敞空间连接以利于居民使用的思想，以及生物学家有关建立生态保护与经营网络以减少生境破碎化的概念影响，波士顿的翡翠项链绿色项目就是在这样的背景下诞生的（图 6.1）。

　　美国的马里兰州较早开启绿色基础设施的建设，1991 年开始，率先启动绿道体系的建设，1995 年前后以生态为目标的绿色基础设施评估全面展开，包括自然资源部、绿道委员会、巴尔迪摩郡环境保护与资源管理部等多部门通力合作，利用 GIS 技术确立了一个绿色网络，对现有的绿地网络进行保护，对缺失的部分进行修复。2001 年，马里兰州开展绿印计划，保护通过绿色基础设施评估的具有生态价值的 80.9 万公顷绿地，同时还以绿色基础设施评估所确立的绿色网络为依托，展开了开放空间计划、乡野遗产计划等。

　　1999 年 5 月，美国总统可持续发展委员会在《可持续发展的美国——争取 21 世纪繁荣、机遇和健康环境的共识》报告中，将 GI 确定为社区永续发展的重要战略之一。1999 年 8 月，在美国保护基金会和农业与农村部森林管理局的组织下，联邦政府机构和有关专家组成了 GI 工作小组。工作组将绿色基础设施定义为：GI 是我们国家的自然生命支持系统——一个由水道、绿道、湿地、公园、森林、农场和其他保护区域等组成的维护生态环境、提高人民生活

图 6.1 美国波士顿翡翠项目被誉为早年的绿色基础设施

质量的相互连接的网络。但是对绿色基础设施的理解各有侧重，例如美国环境保护局的定义是"使用和借鉴自然措施，从源头上使暴雨渗入地表、蒸发或者再利用的系统和实践"。后来发展为绿色雨洪设施，也就是海绵城市理念的由来。在加拿大，绿色基础设施是指基础设施工程的生态化，主要是以生态化手段来改造或代替道路工程、排水、能源、洪涝灾害治理和废物处理系统。

　　美国的绿色基础设施实践较广泛，根据美国景观建筑师协会、美国注册建筑师协会成员，美国城市规划师学会常务董事大卫·罗斯所著的《绿色基础设施：一种景观新概念》一书中所述，绿色基础设施包括环境、经济、生活质量三种体系的评价，评价因子包括树木、雨水管理、草地、步道自行车道、湿地、都市农业和社区公园、高性能表面（含透水铺装等）、可再生能源等，绿色基础设施规划的尺度涵盖区域—城市—城区—场所（建筑物），规划内容包括区域规划、栖息地保护、水土保持、暴雨管理、布局连接乡村城镇城市的系统、碳汇、旅游业、宣传公共健康和生态等。在不同层级的规划内容中，原则性各有不同。

　　笔者于 2008 年起，与北林苑项目团队一道参与《珠三角区域绿道规划纲要》及指引编制工作，之后绿道网全面建设并推广到全国。广东省住建厅于 2013 年委托北林苑继续启动系列绿道升级研究，除了省立公园体系研究、低影响开发技术指引研究之外，还有绿色基础设施研究。因为定名和定义的问题，为了方便推广，一度改名为广东省绿地生态网络研究，强调在空间上的连通。由网络中心（hubs）与连接廊道（links）组成的天然与人工化绿色空间网络系统，可以基于绿道网的建设现状，进一步推动生态建设。并编制了《广东省绿地生态网络建设规划纲要》和《广东省市域绿地生态网络规划建设指引》。

2013 年，笔者在广东省住房与城乡建设厅组织的绿道建设管理和生态控制线划定工作宣贯培训班上，做了《打造绿道升级版——绿色基础设施建设》的报告，这次宣贯会的工作重点有三个：一是推动绿道升级；二是鼓励各市尝试推动绿色基础设施规划建设；三是解读《广东省生态控制线划定方案与技术指引》将在全省推动的借鉴深圳经验，划定生态控制线的工作。之后笔者与北林苑项目团队一道，先后参与了"珠海市绿色基础设施规划整合""深圳市绿色基础设施规划研究及典型试点规划方案""惠州环大亚湾新区绿地生态网络规划"等项目。2014 年 11 月，住房和城乡建设部出台了《海绵城市建设技术指南》，省厅委托的低影响开发技术指引研究自动停止，但是笔者在项目中坚持结合中国国情和地方实情，将绿色雨水设施作为绿色基础设施的重要内容，立足绿地系统规划，依托绿道网络，整合生物多样性、疏通蓝绿廊道、推进绿色雨水设施等手段，构建属于各地的生命维系和连接系统。

2019 年，自然资源部发布关于全面开展国土空间规划工作的通知，提及新时代国土空间规划编制的原则之一是优先布局关系粮食安全、生态安全、环境安全、经济安全和文化传承空间，实现永续发展。笔者回顾广东省绿色基础设施规划实践和珠海案例，力图为当下国土空间编制背景下的绿色空间规划提供一些新思路和新方法。

6.2.1 广东省域的绿色基础设施规划实践
1）广东省的绿色基础设施特征

广东省绿色基础设施，是依托广东省生态资源基础，由省域范围内各类绿地、绿廊、海岸、水系等自然、半自然、人工的多功能绿色开放空间交织成的具有滨海地域特点的有机网络，由人类野生动物的活动场所构成的基本生态设施，以及由生态廊道、河道、绿带等形成的"连接"组成，是构成广东省生态安全格局的生命支持系统。特征包括：

多类型：绿色基础设施不但包含市域范围内的公园绿地、生产绿地、防护绿地、附属绿地，风景名胜区、水源保护区、郊野公园、森林公园、自然保护区、风景林地、城市绿化隔离带、野生动植物园、湿地、垃圾填埋场恢复绿地，也包含绿道、河流等自然、人工廊道，还包含通过人工规划建设的绿色停车场、绿色道路、雨水控制利用综合设施等，类型众多，覆盖面广。

多层次：绿色基础设施是多层次的结构体系，可以包括区域级（国家、省级）、市级、社区级和场所等专类级。按照省级、市级、社区级的层次进行分析评价，其中，省级关注全域绿色基础设施格局与功能的识别和重构，明确全域绿色基础设施保护与优化的关键要素与薄弱环节；市级绿色基础设施则注重该级别核心、廊道等网络结构成分的识别与功能定位，强调通过绿色基础设施建设构建全市范围内的生态网络，发挥综合功能效应；社区级则强调绿色基础设施构成要素的组成与网络化要求，进而明确其承载的主要功能。

多功效：绿色基础设施具有保护和修复乡土生境、提高空气和水的质量、连通绿色空间、提供多功能的开放场所、提升人居环境、提高土地价值、减少灰色基础设施投入等多种功能。

2）广东省绿色基础设施的因子识别

中心：广东省内山体众多，森林资源丰足，有着许多重大自然、人文价值和区域性影响的自然保护区、水源保护区、农田保护区、公园风景名胜区等；此外，广东省内还有丰富的生物资源。这些山体、森林绿地资源、保护区域、生物资源分别构成了广东省绿色基础设施的重要基底、中心要素和重要依据。

连接：从宏观来看，广东省的山脉水系构成了滨海型生态系统，即山地（含丘陵）生态系统—平原（含台地）生态系统—海岸和滩涂生态系统—海洋生态系统，这些系统构筑了完整的广东省绿色基础设施的形态。而具有串联周边绿色空间作用的绿道网则是广东省绿色基础设施的基本骨架；此外建设人工廊道以促进形成布局合理、组合有序的城镇体系，规模连接控制也是重要的"连接"成分之一。

针对以上因子的分析，本项目根据基础资料及相关评价标准，运用地理信息系统对广东省绿色基础设施的森林林地因子、重要保护区因子、广东珍稀植物因子等13个因子进行叠加分析，建立广东省绿色基础设施规划布局。

3）广东省绿色基础设施的布局与结构

根据因子叠加分析，广东省初步形成"三屏固本、九廊通山、蓝道达海、绿道串珠"的广东省绿色基础设施结构。

三屏固本："三屏"包括外围生态屏障，珠三角生态屏障和海岸生态屏障，粤北南岭山地区、粤东凤凰—莲花山区、粤西云雾山区和珠三角环形屏障区，在空间上形成广东省陆域生态屏障；大亚湾—稔平半岛区、珠江河口区、韩江出海口—南澳岛区，在空间上形成海岸生态屏障。

九廊通山："九廊"主要包括云开大山—云雾山生态廊道、天露山生态廊道、起微山—罗壳山—大东山生态廊道、瑶山—九峰山—大庾岭生态廊道、滑石山生态廊道、青云山—九连山生态廊道、罗浮山生态廊道、莲花山—南阳山—大南山生态廊道、凤凰山生态廊道。

蓝道达海：蓝道主要包括东江、西江、北江、韩江、鉴江。

绿道串珠：主要包括广东省绿道总体规划确定的大海、大江、大山的绿道基本骨架，海岸绿道、东江绿道、西江绿道、北江绿道、韩江绿道、鉴江绿道、漠阳江绿道、南岭绿道串联了多处发展节点。

4）广东省绿色基础设施的行动策略

保护：结合生态控制线的划定，确定基本绿色基础设施网络，严格保护，控制城镇无序发展；对绿色基础设施结构中的三屏、九廊、蓝道给予严格保护，维护广东省生态安全格局。

修复：对绿色基础设施结构中重要的中心及连接进行生态修复，主要完成三屏、九廊、蓝道的生态连通；对绿道和其周边缓冲区进行生态修复，提高其生态综合服务功能，将生态引入城镇及居民生活，提升生活生产水平。

新建：对三屏、九廊、蓝道、绿道中的断裂部分进行生态建设，保障系统连通性、稳定性；各市域范围内进行有针对性的绿色基础设施修建计划，通过生态绿色技术将城镇建设成为网络中的绿色核心。

6.2.2 珠海绿色基础设施规划整合

1）项目背景

珠海绿色基础设施整合规划定位为一个顶层规划，一个框架

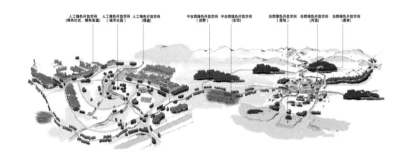

图 6.2 广东省绿色基础设施模式

图片来源：广东省住房与城乡建设厅，深圳市北林苑景观及建筑规划设计院有限公司. 广东省绿色基础设施建设规划纲要文本

性的、引导性的、宏观的、支撑性的规划，编制年限也突破常规城市规划的限制，以2050年为界。

规划基于北林苑前后编制的两版绿地系统专项规划，整合各类蓝绿系统，涵盖海绵城市（住建部）、生态园林城市（建设部）、水生态文明城市（水利部）、国家生态文明先行示范区（发改委）、森林城市（国家林业和草原局）、国际宜居城市等各项概念，绿色基础设施规划是珠海实现这一系列城市建设概念的基础。规划编制团队首先参阅了大量的规划文本，包括《珠海市城市概念性空间发展规划（2013—2060）》《珠海市城市总体规划（2001—2020）2015修订》《珠海市土地利用总体规划（2006—2020）》《珠海市生态线控制性规划》《珠海市主体功能区划》等，并且提出针对《珠海市幸福村居城乡（空间）统筹发展总体规划》《珠海市综合交通运输体系规划》《珠海市城市绿地系统规划（2004—2020年）》《珠海绿地系统整合规划》《珠海市城市绿道网总体规划（2010—2020年）》《珠海市城市绿线规划》《珠海市旅游发展总体规划（2007—2020）》《森林珠海发展规划（2010—2020年）》《珠海市湿地保护规划（2011—2020年）》的修订意见，形成与绿色基础设施的深度整合。

2）确定目标与资源调查

针对珠海市目前绿色基础设施网络所面临的问题，以及珠海城市发展的需求，提出珠海构建绿色基础设施网络的总体目标，包括三个层面：宏观层面构建区域生态安全格局，维护和强化整体山水格局的连续性，优化城市空间结构，提高城市环境品质，建设国际宜居城市，实现可持续的资源管理；中观层面保护和建立多样化的乡土生境，营造多样的游憩场所，提升绿地的综合性，建立集生态保护、防护缓冲、休闲游憩、景观功能、生产科研、历史保护与教育功能于一体的片区绿色基础设施网络；微观层面通过绿色基础设施工程手段，修复乡土生境，提升各类场所环境品质及景观品质。

此外，规划对珠海环境资源现状，作出分类分析，包括生态资源本底现状分析（土壤、动植物、地形、地貌等），自然景观资源现状分析（森林公园、湿地、城市公园、风景区、自然保护区、林地等），人文景观资源现状分析（人文景点、历史文化遗产、文物保护单位等），珠海市域海岛与岸线特色资源分析，运用 GIS 技术对高程、坡度、河流水系、海岸、湖泊水库、湿地、生态保育区、水源保护区、道路、自然与文化遗产保护区、林地、农田、建设用地等因子进行环境敏感区评价，得出环境敏感度分区。

3）生态模拟与选择

根据生态学原理，对生态斑块、最小路径、生态廊道等进行理想化的模拟与选择。

生态斑块选择与评价：①生态斑块选择——基于现状绿地，结合环境敏感区评价，选取生态敏感度较高且面积不小于 50 公顷的生态斑块；为更好地对区域生态格局进行分析，选取范围包括珠海市域及周边中山市、江门市邻近区域。②生态斑块评价——通过对生态斑块景观格局、生态功能、社会功能的评价，将生态斑块分为两级；其中，珠海市域内一级保护生态斑块 9 个，即需要保护和连通的重要生态斑块。

最小路径模拟：①陆生生物最小路径——将重要生态斑块作为生态源，通过陆生生物阻力面及相应的回溯链接，生成陆生生物最小成本路径。②水生、两栖生物最小路径——将重要生态斑块作为生态源，通过水生、两栖生物阻力面及相应的回溯链接，生成水生、两栖生物最小成本路径。（注：考虑到海域对生物迁徙有较大影响，故最小路径模拟时暂不考虑与海岛的路径联系。）

生态廊道评价与选择：通过对模拟生态廊道进行廊道景观格局、廊道所处环境、生态功能、社会功能等评价，将生态廊道分为一级、二级两个级别。

4）网络构建

根据模拟和选择之后的结果进行叠加，形成不同功能的绿色基础设施网络构建。

①以保护生物多样性为目标的绿色基础设施网络。整合重要生态斑块、一般生态斑块、关键生态廊道、一般生态廊道，结合环境敏感区评价，构建生态保护网络。

②以娱乐游憩为目标的绿色基础设施网络。整合人文生态空间、公园绿地和绿道，构建以挖掘娱乐游憩为目标的绿色基础设施网络 。人文生态空间主要选取历史文化遗迹、旅游资源、旅游线路进行综合分析，其中历史文化遗迹主要考虑国家级、省级、市级、区级文物保护单位、主要历史地段、近现代优秀历史建筑、中国历史文化名镇、广东省历史文化名村等。

③以城市防灾为目标的绿色基础设施网络。综合地质灾害分

区、土壤侵蚀度、地表植被覆盖情况，对城市综合防灾进行整合，划定低、中、高三级区域，高危险区域不能进行城市建设，中危险区域不宜进行城市建设，低危险区域经过处理后可以进行城市建设。

④以引导城市空间布局为目标的绿色基础设施网络。通过城市空间发展、景观资源评价、居住地与交通衔接，反向验证绿色基础设施网络，构建以控制城市扩张为目标的绿色基础设施网络。

5）规划结构

空间布局：综合叠加以保护生物多样性为目标的绿色基础设施网络、以娱乐游憩为目标的绿色基础设施网络、以城市防灾为目标的绿色基础设施网络、以引导城市空间布局为目标的绿色基础设施网络，辨识出基本的生态斑块、生态廊道、交通廊道和生态关键节点，确定了绿色基础设施网络空间布局。形成"十一核、二十二廊、多点"的规划结构。

十一核：包括黄杨山核心斑块、凤凰山核心斑块、淇澳岛核心斑块、黑白将军山核心斑块、大横琴山核心斑块、茅田山核心斑块、高栏岛核心斑块、中华白海豚核心斑块、桂山岛核心斑块、万山岛核心斑块、担杆岛核心斑块。

二十二廊：即河流廊道，包括西江—磨刀门一级廊道、崖门—虎跳门一级廊道、滨海一级廊道、虎跳门二级廊道、平沙二级廊道、洪水湾二级廊道、白龙河二级廊道、黄杨河—鸡啼门二级廊道、天山河二级廊道、前山河二级廊道、大门水道二级廊道等。绿地廊道：包括串联核心斑块的一级绿地廊道1条，串联重要生态斑块的二级绿地廊道5条。

多点：包括虎跳门重要斑块、板障山重要斑块等13个重要斑块。

图 6.3 珠海市绿地系统专项规划总平面

图片来源：深圳市北林苑景观及建筑规划设计院有限公司. 深珠海市绿地系统专项规划（2004-2020）文本

6）整合相关规划

①划定基本生态控制线。根据功能分区，以及珠海城乡生态安全与环境保护、自然资源与人文资源的保护和利用、城乡绿化建设方面的要求，划定珠海基本生态控制线。结合绿色基础设施综合评估和生态控制线内各类用地的空间界定和管理要求，划定生态控制线分级管制边界，确定一级保护区、二级保护区和弹性开发区。

综合考虑生态功能、生态控制、市域城乡开发边界等要求和地方发展诉求，本次规划划定市域生态用地总面积为 1 018.28 平方千米，其中陆域部分 945.94 平方千米，海域部分主要包括鹤州南东侧磨刀门水道、西侧泥湾门水道及淇澳—担杆岛自然保护区、庙湾珊瑚自然保护区部分划入海域的面积。

生态开敞空间包括生态控制线、其他独立占地开敞空间（包括小型公园绿地、防护绿地、零散农田等）及附属绿地，总面积为 1 278.07 平方千米。

②调整和优化绿道选线。在原有已建绿道的基础上，结合绿道网规划中未建的绿道和绿色基础设施网络格局，新增加 7 条区域绿道（结合生态廊道一同设置）。

③加强生态关键节点修复。根据廊道、斑块的评价，将生态关键节点分为生态良好型、生态脆弱型、生态破坏型，并分别提出相关修复策略。生态良好型节点是大型生物栖息地之间至关重要的物种交流通道，节点周边及内部生态环境较好，能支持必要的景观生态过程和格局，充分利用大自然力量，保育现有节点生境，重点针对生态廊道，人工修复营造内部小生境，确保生态廊道的贯通。生态脆弱型节点是大型生物栖息地和生态保护用地之间的重要廊道，节点周边生态环境较好，内部生境遭到一定破坏，生态廊道连通性较弱，重点确保节点生态廊道的连通和可利用宽度，对破碎化生境

进行内部生态修复，逐步恢复生境功能。生态破坏型节点是重要城市生态斑块之间的廊道，节点内部生态环境恶劣，已经造成了不可逆的生态破坏，节点难以恢复生态廊道功能，需要对节点整体进行大规模生态化改造和环境治理。

④优化城市综合防灾体系。珠海主要灾害类型包括地质灾害、气象及衍生灾害、环境灾害、农林生物灾害、人为或技术事故5种。根据每类灾害，提出相应对策，并提出城市综合防灾优化原则，包括合理选择与调整建设用地；优化城市生命线；强化防灾设施建设与运营管理；完善城市综合救护系统；海绵城市建设等。加强森林防火基础设施建设，提高森林防火硬件与软件水平，建设生物防火林带，完善林火监测系统和森林防火通信系统，森林公园的森林消防设施建设纳入森林公园基础设施和城市消防设施体系中。加强对森林病虫害和林业外来有害生物的监控，对森林病虫害及外来有害生物的控制采用主动、积极的预防，标本兼治，以综合的、生物制剂和生态控制的方法进行防治。建立一套有效的森林生物灾害防控管理系统，有效监控和防治森林生物灾害。

7）专类指引与计划

①绿色基础设施新建场所营造建设指引。从地块大小和网络，后退红线空间，广场和公园的建设，行人、自行车优先的街道4个方面考虑新建场所的营造，构建人性化尺度的城市结构、发展生态型工业区并打造融合自然的城市开放空间。

②"海绵之城"建设指引。海绵城市建设计划针对现状问题，依托绿色基础设施网络布局，以重塑城市良性水文循环为出发点，通过对传统排水模式进行改良，优化利用自然排水系统，建设生态排水设施，充分发挥河流、山体、城市绿地、道路、建筑等对雨水

的吸纳、蓄渗和缓释作用，使城市开发建设后的水文特征接近开发前，实现水资源的自然积存、自然渗透、自然净化。

规划根据珠海长期降雨规律和近年气候变化，确定规划设计目标：年径流总量控制率 75%；面源污染物消减率 40%~60%；内涝防治按《珠海市城区排水（雨水）防涝建设规划（2013—2020）》执行；下沉式绿地率大于 30%；透水铺装面积不低于 30%；屋顶绿化率不低于 20%。

按建设用地类型确定"海绵城市"建设要求和建设指引，包括道路停车场、公园广场、水体水系、住区、工业区等类型。

③"乡愁之城"——传统水乡风貌指引。珠海村庄众多，包括 122 个行政村和 87 个农村性质社区，根据这些村居的区位和现状特征，分为工业化、农业化、城镇化、古村落村居 4 种类型，针对村庄特点，将各村庄划分为 3 类区域——保护区、控制区、协调区，保证村庄良性发展，营造珠海独特的水乡特色。

④"森林之城"营造计划。根据绿色基础设施网络布局，通过建立城市森林休闲网络、立体绿化、出入口绿化美化、城市干道美化工程等措施，构建珠海城乡森林体系；通过石场复绿、加强森林公园和自然保护区建设、改造森林景观、规划建设郊野公园等措施，构建山地森林体系；通过道路干线绿化美化、河流森林廊道建设、滨海廊道建设等措施，构建廊道森林体系。

⑤"湿地之城"营造计划。通过划定湿地保护区、恢复湿地生境、加强湿地有害生物综合治理、建设生态旅游示范区、建设现代都市农业与现代渔业养殖示范基地等措施，结合湿地现状，构建湿地生态系统。根据河道水道的条件，加强对湿地资源的可持续利用，营造各类滨水空间，构建珠海湿地之城。

8）近期行动

绿色基础设施目前尚未能列入法定规划，因此，规划的编制年限虽然延展到 2050 年，但要在近期能有效推进，必须结合城市总体规划中的近期建设规划、珠海市各相关行业"十三五"规划。规划充分吸收了珠海市分区、分行业的近期建设和"十三五"规划中提及的建设内容，制定出近期启动的详细项目库。

根据绿色基础设施规划的主要目标，规划拆分成分类建设项目，分别是生态廊道规划与保护、关键生态节点修复、绿道优化与建设、区域绿色基础设施场所营造、"海绵之城"建设、"乡愁之城"建设、"森林之城"营造、"湿地之城"营造等。此外，部署各区优先开展试点区域建设，引导绿色基础设施落地实施，选择规划中项目，落实绿色基础设施理念，如：在西部中心城海绵城市建设试点区，在横琴新区启动天沐河防洪和景观工程为示范建设项目等。

6.2.3 展望国土空间规划背景下拓展 GI 的一些新思路

笔者在编制广东省绿色基础设施遇到一些问题，例如搜集资料时各统计口径不一，约束性不强，生态价值模糊等。笔者认真学习了新的国土空间规划编制的一些内容，提出一些设想。

编制全省 GI 的时候，基于广东省主体功能区规划划定的禁建区，以及珠三角区域绿地等，具体到各市资料的时候，生态控制线、湿地红线、城市绿线等；新的国土空间规划要求"一张图"及评估数据平台建立，为布局绿色基础设施提供了很好的工作基础和科学的数据平台。2019 年 7 月 18 日，自然资源部办公厅印发《关于开展国土空间规划"一张图"建设和现状评估工作的通知》，要求省、市、县各级应抓紧建设国土空间基础信息平台，并与国家级平台对接，实现纵向联通，同时推进与其他相关部门信息平台的横向联通和数据共享。同时基于该平台，建设从国家到市县级的国土空间规划"一张图"实施监督信息系统，开展国土空间规划动态监测评估预警。生态资源边界不清，资源数据统计口径重复的问题在信息化的进程中得以解决。

鉴于 GI 是借鉴国外的做法，编制 GI 时对城镇开发的约束力不够，地方编制动能不足。新版国土空间规划要求划定"三区三线"，是根据城镇空间、农业空间、生态空间三种类型，分别对应划定的城镇开发边界、永久基本农田保护红线、生态保护红线三条控制线。三条控制线的刚性约束，为布局 GI 提供了强有力的法律保障。

此外，GI 的评价体系借鉴的是美国、英国等国家的做法，国内的对等评价体系并未完善。项目组同时参考生态城市评定方法，结合自然保护区、风景区、森林、湿地等生态用地的评价体系，对界定网络中心（hubs）与连接廊道（links）的方法依据说服力不强。在新版国土空间规划体系中推动的"双评价"，为今后更合理识别生态要素，布局 GI 提供了扎实的依据。国土空间双评价中的资源环境承载力评价用于判断资源（利用）、环境（质量）、生态（基线）、灾害（风险）四类要素对人类活动的承载能力。国土空间开发适宜性评价用于判断国土空间自然条件对城镇（开发）、农业（生产）、生态（保护）三类利用方式的适宜程度。双评价的基础数据库包括土地资源、水资源、海洋资源、大气等环境资源，动物植物等生态资源，气象气候类资源和原本建立的基础底图类资源。"双评价"的流程先以资源环境要素单项评价为基础，再进行资源环境承载力集成评价，最后提出国土空间开发适宜性评价。通过国土空间资源的"双评价"，可以揭示现状资源环境禀赋的优势与短板，发现未来发展的潜力所在。同时，通过对比现状（如开发利用现状、基本农田红线、生态保护红线等）可以对既有规划成果进行校正。此外，"双评价"成果从空间上明确指出规划范围内未来生态修复的要点，并有助于分析持续提升国土空间资源环境承载能力的路径，为在省域—市域层面布局安全的生态空间、农业空间、城镇空间提供更有力的支撑，以及更多元的生态产品。

最后，新一轮的国土空间规划是基于生态文明时代背景下的规划升级，按照中国国情，规划编制的主体主要还是依托城市规划专业背景的团队，而传统的城市规划在过去已经涵盖城乡规划，如今再晋级到国土空间规划，不少城市规划专业的同行的一些价值观与方法论尚未扩容。而不少规划师仍困惑于以"土地"指标为核心，本质上仍是传统增量扩张式和土地财政发展模式的延续，与未来高质量发展、内涵式发展趋势不符。且过分围绕"土地"指标，实则只是狭义的建设空间和土地资源，与中央实现对国土空间"山水林田湖草"全要素资源整体治理要求存在一定出入。笔者认为，传统的城乡规划的认知是以人为本，规划布局城市，新时代的国土空间规划是在国土空间的使用、分配和布局上，尊重和满足人的物性、群性和理性，同时也要尊重生态文明时代的价值观，见自己，见天地，见众生。

参考文献

[1] 吴伟, 付喜娥.绿色基础设施概念及其研究进展综述 [J]. 国际城市规划.2009,24（05）：67-71

[2] 李开然.绿色基础设施：概念，理论及实践 [J].中国园林.2009,25（10）：88-90.

[3] 深圳市北林苑景观及建筑规划设计院有限公司.广东省绿地生态网络规划研究 [R].2014.

[4] 深圳市北林苑景观及建筑规划设计院有限公司.珠海市绿色基础设施规划整合 [R].2015.

[5] 李俊鹏.国土空间规划：绕不开的悖论与困局 [E].大鹏视野公众号.[2021-05-10].https://mp.weixin.qq.com/s/O6HivfniZf5VfBpaSyHYTQ.

[6] 自然资源部.自然资源部关于全面开展国土空间规划工作的通知 [E].自然资源部网站.[2019-05-28],http://gi.mnr.gov.cn/201905/t20190530_2439129.html.

备注

广东省绿地生态网络规划研究项目参与人员：何昉、庄荣、锁秀、宋政贤、张莎、周忆、冯景环等

珠海市绿地生态网络规划整合参与人员有：何昉、庄荣、锁秀、宋政贤、周忆、冯景环、万凤群等

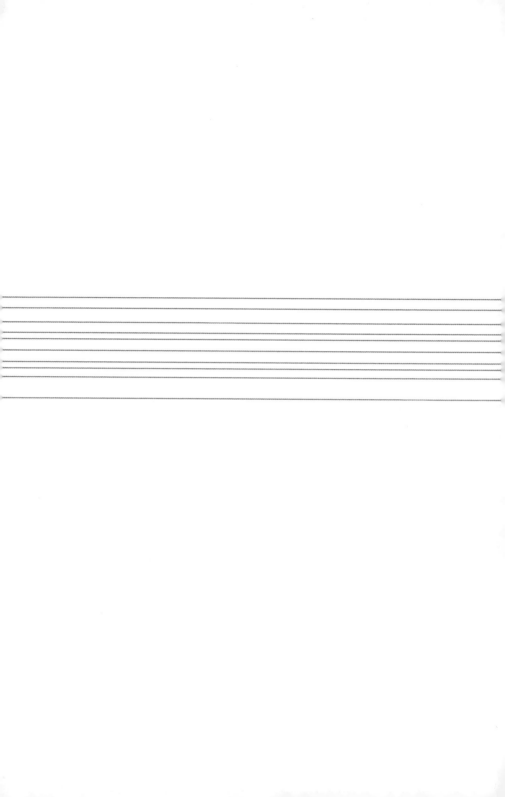

7 景观风貌

Urban Landscape

7.1 勾画美丽中国的图景

美丽中国是生态文明时代的伟大愿景，毛泽东同志在 20 世纪提出的大地园林化的图景，在当下逐步有了新的实现路径。美好生活，美来自内心，美来自发现，美来自和谐，美来自创造。费孝通先生提出的"各美其美，美人之美，美美与共，天下大同"的十六字观点，笔者深表赞同，并认为前述部分的绿地系统是景观风貌存在的物质基础，景观风貌则是构筑美学空间的上层建筑。中国的山水画是基于山水理想与人居愿景而构建的恢弘艺术，宋代王希孟的《千里江山图》，元代黄公望的《富春山居图》，北宋张择端的《清明上河图》都是古人对山水人居的描绘与愿景表达，前两者是自然风景，后者是城市风景。要在国土和城市中实现美丽中国，需要有好心肠——知悉准确的景观定位，要有好头脑——搭建景观体系，还要有好手段——基于运用建筑构筑、水景、照明、植物等要素，体现美学层面的物质表达。

在《风景园林基本术语标准》（CJJ/T 91—2017）里，"景观"一词编入第三章《风景名胜区》，定义为：可引起良好视觉感受的景象。在美国，景观建筑学科（Landscape Architecture）与城市规划学科密不可分，1857 年纽约中央公园的规划建设标志着现代景观规划设计的起源，同时它也是城市规划的重要部分，美国早期的城市美化运动也看到不少景观建筑师的身影，而早期的美国城市规划编制工作，不少是由景观建筑师担任，1915 年，14 个景观规划设计师创立美国城市规划学会，后改名为美国规划协会（American Planning Association）。哈佛大学于 1900 年设置首个景观建筑学专业，1909 年哈佛大学首次开设城市规划课程，到

1923 年城市规划专业正式从景观规划设计中分离出去并形成一门独立的学科。

由美国尼古拉斯·T. 丹尼斯等编著、刘玉杰等翻译的《景观设计师便携手册》援引了约翰·莱尔的《人类生态系统设计》中的观点：每个景观都和其他所有的景观联系在一起，共同处在一个遍布地球的相互依存的网络之中。在"导言：设计框架"一节里设定了细部和空间尺度—场所和邻里尺度—社区和区域尺度三个不同工作范围的工作内容，也表达出美国景观建筑学的专业领域。这本《景观设计师便携手册》以纪录片《十的力量》为例，表述尺度的概念，也形象地勾画了在不同尺度的工作区域内，风景园林规划设计师的工作内容。

鉴于中国的特殊国情，城市规划多半由城市规划师担纲，笔者认为 2011 年被定为一级学科的风景园林学，在其理论、方法和实践中，要顺应新时代发展的要求而优化，风景园林规划的视野应立足建筑学，同步城乡规划学，结合生态和美学的理论体系，构建国土空间时代背景下的专业话语体系。国土空间在不同尺度标准下，生态特征和美学气质各有不同，在确定发展目标、布局功能之后，空间与形态才能彰显个性与气质，才能构成我们和而不同的美丽中国，继而构建全球尺度的生命共同体。

笔者在 2004 年参与湛江霞湖片区绿心规划时，与城市规划师一道，初步了解了城市设计与景观风貌的关系，之后陆续从事过街道景观、滨水景观、广场景观等面状或线性景观空间的规划设计，笔者真正担任系统性景观规划的项目源自 2006 年协助济南成功申请举办第七届中国国际园林花卉博览会之后，济南市相关部门有意论证选址到济南西客站片区，为此，笔者与参与编制西客站片区前期工作的团队一道，从产业策划—交通规划—用地布局，到景观视线控制—重要点线面景观体系的空间布局，再到对原控规中的绿地优化，全程互动，最后的成果虽然并未让住建部专家认可选址于西客站片区，但是笔者从政治经济学的角度看待景观及绿地，获益匪浅。

在笔者所经历过的项目中，有基于全市范围的石狮市景观风貌专项规划，有聚焦于城区的大鹏新区市容提升专项规划，还有侧重于应对城市重大事件的深圳市迎大运市容提升行动计划。规划是行动的纲领，纲举目张，历史文化街区、街道、公园、广场等公共开放空间，住区、单位等环境的景观设计才会明确相关目标和定性定位。在案例篇，以深圳大鹏新区为例，展望未来景观风貌的新领域。

7.2 案例：深圳市大鹏新区市容环境综合提升总体规划

7.2.1 项目背景

　　大鹏半岛是深圳市目前面积最大、保存最为完好的山海生态区域，拥有形态多样的海岸线、深圳第二高峰七娘山等资源，被誉为深圳"最后的桃花源"，也是"中国最美的八大海岸"之一。其中东涌西涌海岸穿越、七娘山登顶等吸引了大批户外运动爱好者，笔者于 2003 年参与编制《七娘山郊野公园总体规划》，多次到大鹏半岛踏勘，对山海城及人文资源有初步认知，2013 年编制《深圳市生态关键节点恢复规划》，7 号节点就位于大鹏新区，是连接七娘山—排牙山的重要廊道（图 7.1）。

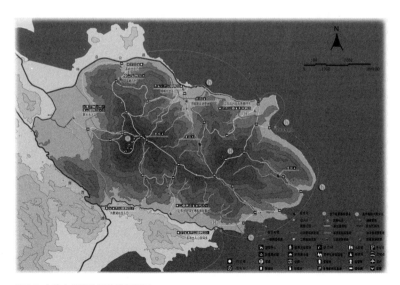

图 7.1 七娘山郊野公园总体规划图
图片来源：广东省城乡规划设计研究院深圳分院.七娘山郊野公园总体规划文本

大鹏半岛所在区域于 2011 年成立大鹏新区。2015 年，深圳市大鹏新区联合中国环境科学研究院编制《大鹏新区国家生态文明示范区建设规划》，计划于 2017 年 10 月前建成"国家生态文明建设示范区"。之后大鹏新区召开"美丽大鹏"建设动员大会，部署了"美丽大鹏"建设三年行动计划。作为计划的一部分，大鹏新区委托深圳北林苑编制《大鹏新区市容环境综合提升总体规划》，希望整理出一份环境整治计划，协助大鹏新区城市环境建设，打造拥有世界级滨海生态旅游度假区。

7.2.2 场地概况及规划研究

大鹏新区是深圳的生态基石，森林覆盖率高达 76%，PM2.5 年平均浓度为每立方米 23 微克。大鹏新区属亚热带向热带过渡型海洋性气候，降水丰富，整体由马峦山系、排牙山系、七娘山系三大山系组成，内部山峰层峦叠嶂，其中七娘山为深圳第二高峰，区内水系众多，地形地貌丰富，生物种类丰富。作为深圳的"后花园"，大鹏新区还拥有全市 56 个沙滩中的 54 个，西涌沙滩是"广东省十大最美沙滩"之一。此外，大鹏半岛文化历史悠久，大鹏区域内有葵涌、南澳、大鹏三镇都有东江纵队的重要活动痕迹，红色旅游资源丰富，此外还有海防文化、渔农文化、渔村文化、客家文化等非物质文化遗产，现有各级历史文物 67 处。是深圳的"文化之根"，距今近 7 000 年历史的咸头岭文化是珠三角最早的人类活动遗迹，大鹏守御千户所城是深圳唯一国家级重点文物保护单位。本次规划旨在绿化、优化、美化大鹏新区，拟定提升行动，在规定期限内综合提升城市形象。规划研究范围为整个大鹏新区，包括葵涌、大鹏和南澳 3 个办事处，涉及陆域面积约 302 平方千米，海岸线长 133.22 千米，重点研究区域为大鹏新区城市建成区。

项目研究了三个重要的上位规划。《大鹏新区保护与发展综合规划》将大鹏新区定位为"世界级滨海生态旅游度假区"，引导城镇形成"三城、四区、五镇"的组团式布局。三城包括葵涌新城、坝光生态科学小城、大鹏旅游服务小城三个核心小城；四区包括下沙、西涌、东涌、桔钓沙四个特色旅游度假区；五镇包括南澳墟镇、鹏城、新大—龙岐湾、溪涌、土洋—官湖五个滨海小镇。本规划应契合其总体定位，以城市整体风貌定位为导向，与城市功能布局相协调，从而塑造各具风格的特色片区，积极展现大鹏新区整体风貌特征。

《大鹏新区绿道及慢行系统互联互通实施规划课题研究》布局了大鹏新区两轴四环的空间结构。本规划结合绿道空间布局，遵循上层次对绿道建设的设计指引、各路线的特色定位，立足现状，对大鹏新区主要路段的慢行系统提出综合整治指引。

《大鹏新区旅游发展战略规划》规划了大众观光线路、一般徒步线路、专业穿越线路、滨海栈道线路等特色步行路线，本次规划将其列为重点研究对象，结合现状以及线路的功能定位对道路进行综合整治指引，提升新区整体旅游形象。

7.2.3 总体规划

1）理念

"东进战略"下重塑东部新的旅游门户形象：大鹏新区作为深圳市最重要的生态承载地，将在东进战略的背景下重塑其战略地位，向东展示新的深圳旅游门户形象，向西成为深圳生态新轴的发展起点，引领全市创建生态文明城市。

"山水乡愁"生态文明下的深圳重要承载地：大鹏新区将建设国家级生态文明示范区，将充分依托资源本底，尊重自然，顺应自然，严格保护"三山两湾"的山水滨海生态格局，让大鹏成为"望得见山，看得见水，记得住乡愁"的深圳生态承载地。

绿色设施全覆盖，编织世界级三道网络：大鹏新区现有多样特色路径系统，结合绿色基础设施全覆盖，并以风景道、绿道和公园道有机结合大鹏新区的生态环境、历史文化和景观游憩元素，编织世界级的三道系统网络，打造全世界最美的，最生态的道路环境。

海绵排蓄大系统，培育会呼吸的"有机大鹏"：以城市水系、公园绿地、道路绿廊为主体，以截留、促渗、调蓄等技术为主要整治手段，构建可持续的、健康的水循环系统，培育会呼吸的"有机大鹏"，充分体现绿地的生态保护、生态修复功能，城区利用低影响开发技术，在工程建设中推广海绵城市理念。

以生态环境为导向，打造生态健康旅游目的地：大鹏新区水网密布，生态绿地资源丰富，滨海岸线发达，规划以生态旅游为导向，整合提升大鹏新区的环境资源，重塑大鹏生态健康旅游目的地，促进大鹏自然生态和人文生态的可持续发展。

加强城市风貌导控，重塑生态半岛特色氛围：以"高点引导、低点控制"策略进行城市风貌构成要素的引导性规划设计，优化城市风貌品质、突出城市风貌特色，保证城市风貌不紊乱，塑造大鹏生态半岛特色城市风貌。

利用智慧环境新技术，构建大鹏智趣环境系统：本次市容提升规划，结合城市管理系统优化升级，基于新一代的信息技术，将景观设计、景观建设、景观管理维护有机地结合起来；通过各种创新的信息技术手段使它们共同整合为一个系统，最终更快、更高效地服务于大鹏生态环境建设。

2）整体整治提升结构

综合现状调查及美丽大鹏三年行动计划的目标，并结合笔者参与的深圳市关键生态节点恢复规划中7号节点的建设（见第一书案例），本次规划确定了"三点、五横六纵、十六廊、三区"的整治结构（图7.2）。

三点：根据进入深圳门户的位置，重点提升坪葵路—盐巴高速交叉节点、坪西—鹏飞路节点、7号生态关键节点为大鹏新区门户集中展示地，旅游形象新窗口，有力推动大鹏滨海生态旅游的发展。通过梳理节点区域车行与绿道及慢行系统的关系，完善节点区域旅游服务配套及标识等设施，并修复该区域重要山水生态关键节点及连通生物通道，导入大鹏滨海休闲旅游岛文化，突出节点区域富有生机活力的风貌形象，从而提升市容，促进旅游发展。

五横六纵：整治依托骨干型道路，打造大鹏新区门户展示性景观绿色廊道，塑造具有典型热带、生态、滨海风情的城市景观道路风貌。梳理大鹏新区建成区内急需提升的五横六纵十一条市政道路，通过完善（除高速路）道路慢行系统的建设和功能服务配套，进行道路设施智慧监测；完善治安、交通、环境生态、自动雨水喷灌与道路实时监测信息等应用数据库；采取道路与生态植草沟相结合的生态排水方式，人行道路面尽量采用透水材料，设置下凹式绿化带；构建道路网络的植物色相体系，结合道路的景观功能，以一种或一类基调树种为主体，体现不同特色主题，构成个性化道路景观等一系列措施，打造大鹏新区门户展示性景观绿色廊道，塑造具有典型热带、滨海风情的城市景观道路风貌。

十六廊：结合大鹏新区水系综合治理，针对内沟河网开展专项综合治理，明确河道整治的发展目标定位、服务对象和范围，增加公共活动、亲水活动空间的类型及多样化植物环境景观；结合防洪，采取开挖分洪道等措施，保持河道空间异质性；采用微生物修复、植物修复等工程技术，建立生态驳岸和河流缓冲带；完善河道

图 7.2 大鹏新区市容环境综合提升总体规划 – 整体整治提升布局

图片来源：深圳市北林苑景观及建筑规划设计院有限公司．大鹏新区市容环境综合提升总体规划
文本

智慧监测，建立汛期、绿地动态环境、智能灯光系统、水质保护、应急防护等实时监测信息库，塑造海河交融的大鹏新区城市形象风貌。

三区：针对大鹏新区内葵涌、大鹏、南澳三个街道核心区，分别定位为"新城新貌""古城遗风""南国风情"，确定片区建筑风貌提升的风格特征。增加区内参与性、体验性、互动性、科普性等本土文化特色的公共活动场地；此外通过构建以河流水系、生态草沟、雨水花园和绿色屋顶为主体的绿地系统下的低冲击发展和智能化环境信息预测调控系统；根据各区特色及总体色彩规划，划分多个植物特色区体现各区环境风貌特征塑造，大美大鹏新景象。

3）分项规划

根据大鹏新区市容提升需求，分类编制提升指引，包括道路、河道、公园、滨海景观带、建筑立面、公共艺术、夜景照明等。其中道路、公园提升和滨海带提升作为重点。

（1）公园绿地提升指引

本次公园绿地整治主要包括城市建成区公共绿地和非城市建成区自然山体生态环境等，通过调查得知大多现状绿地存在山体破坏、自然生境破碎化和孤岛化过于严重、生境栖息地岛屿化物种多样性降低、城建区公共绿地生态环境点状化、斑块化，生态群落单一等问题，并针对区域内的生态敏感度及关键节点做出深入分析，提出规划建设新的公园体系，并对锣鼓山公园等重要城市公园、文化广场、社区公园、综合海岸公园、风景名胜区、人文景点、街旁绿地等做出针对性的改造提升措施。

（2）滨海景观带提升指引

大鹏新区具有三面临海，地理条件优越的特色，沿岸有许多两侧岬角拱卫的水深岸陡的港湾和优良的倚山面海、沙滩广阔的天然海滩，其中西冲海滩被誉为"中国最美沙滩"（图7.3）。但目前现状存在如滨海景点缺乏统筹规划、缺乏整体连通性、商业服务配套设施规模小、布局分散、海岸沿线绿量不足等问题，故规划整合现有景点，根据海岸周边地形风貌、旅游资源、服务对象等标准，将大鹏新区海岸分为以下几类：

①黄钻海岸（旅游观光）。

针对旅游资源开发成熟度较高的地区，通过整合滨海综合交通体系，完善旅游度假、观光体验、商业休闲以及露天沙滩舞台等服务配套设施，增加体验性、趣味性活动项目；完善滨海沿岸智慧监控，包括地理信息、潮汐、环境动态、智能灯光系统、水质安全、应急防护等实时信息库，并将其网络化、手机指令化，为外地游客和深圳市民提供集观光娱乐与公共滨海浴场于一体的

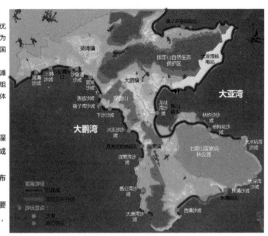

滨海岸线概况

具有三面临海，地理条件优越，港湾码头共5个，沙滩总数为21处。其中西冲海滩被誉为"中国最美沙滩"

开发上基本是水上项目、沙滩活动、餐饮酒店和少量房地产等组合商业模式，模式重复，旅游载体单一，旅游产业呈季节性特征。

现状总结

1、滨海岸线沿线缺乏全局深层次战略性规划；没有形成连贯性资源整合体系；

2、商业服务配套规模小、布局分散，模式重复；

3、主要以滨海与沙滩为主要旅游空间载体，方式单一，缺乏特色。

图 7.3 大鹏新区市容环境综合提升总体规划 – 滨海景观带岸线定位分类图

图片来源：深圳市北林苑景观及建筑规划设计院有限公司.大鹏新区市容环境综合提升总体规划文本

沿海景观带。

②蓝钻海岸（城市休闲）。

沿岸为城市生活区，适合打造成为周边市民提供休闲生活的魅力滨海岸线。此区域以国际化、现代化景观为特征，打造以"时尚魅力滨海"为主题的风貌景观；整合龙岐湾、较场尾一带民俗风情，营造滨海休闲商业景观；完善休闲活动空间、增加休闲设施，创意小品等，并将低影响开发设施融入滨海绿地整治规划中。

③绿钻海岸（生态保护）。

沿岸多自然山体，拥有大量滩涂、红树林等自然资源，是科普、活力休闲、亲子活动的理想场所。此区整治措施包括完善公共交通和慢行系统，整治以红树林为主题的湿地公园，设置滨海缓冲风景林控制区域、滨海栈道、驴友训练营，限制商业开发等。

④白钻海岸（山体滨海景观）。

沿岸靠山面海，自然环境优美，适合打造成为观光、康体、自驾游活动的休闲胜地。规划建议增设多条公交系统和慢行系统线路，打造连续贯通的山地滨海休闲通道，设置路边临时停车场地平台、休憩观景平台和少量公共服务设施等，以提升整体品质。

4）道路河道规划

项目在大鹏新区陆域范围内分为绿道网、风景道、公园道、三道网络等四种，并针对各种道路的现状做出分析，提出"绿色共生的三道网络"并编制相应的提升策略。公园道作为城镇发展骨架，绿道形成生态联络连接，风景道在此基础上，丰富了景观生态的外延，以此三道形成有机生态系统网，构建大鹏生态景观道路系统，促进交流，带动旅游发展。

7.2.4 近期示范项目

规划几经汇报和听取各街道、各职能部门的意见之后，整理近期项目行动计划思路和近期试点项目计划。分别提出近期五年和远期五年的计划目标，针对"美丽大鹏"三年行动计划，分别提出节点、道路、公园、滨海带的示范建议项目并初步编制概念性方案。根据大鹏滨海特色和旅游配套服务需求，重视视觉效果，安全指引，工作内容需要细化到街道、职能部门，保证资金计划，工程实施的可行性。2018年12月，大鹏新区顺利获评"国家生态文明建设示范区"称号。

另外，因为本项目关联7号生态关键节点恢复的立项，笔者敦促相关部门将其列入重点建设计划，本规划获得通过之后，7号节点同时获得关注，并启动前期项目建议书和工程可行性研究编制，成为大鹏新区生态示范标杆项目。

7.2.5 回顾与展望

2015 年编制的《深圳市大鹏新区市容环境综合提升总体规划》是基于"美丽大鹏"三年行动计划而编制的纲领性建设文件，2020 年，笔者回顾本项目，展望未来可拓展的领域，包括生态修复与风景林营造、旅游拓展、城市微更新与品质提升等。

1）生态修复与风景林营造

大鹏新区在新的国土空间规划背景下，一方面提出更合理的资源环境承载力，预测最大环境承载规模和容量，结合生物多样性目标建设更多元的生态廊道；另一方面结合山体生态修复，营造更生态、更美丽的山林景观。《深圳市打造"世界著名花城"三年行动计划（2017—2019）》出台，根据该计划，深圳的梧桐山毛棉杜鹃就以打造世界级花景为目标，在大鹏新区的七娘山、排牙山等沿重要的门户通道视域范围内，可继续结合生态风景林的规划，选择符合深圳气质的红色花系品种，体现更典型的深圳气质。

2）旅游拓展

2017 年，大鹏新区获评国家级旅游业改革创新先行区。2019 年，中共中央、国务院先后印发《粤港澳大湾区发展规划纲要》和《关于支持深圳建设中国特色社会主义先行示范区的意见》，明确"支持深圳加快建设全球海洋中心城市"。作为全球海洋中心城市建设主场，深圳国际生物谷、国际食品谷、深圳海洋博物馆、海洋大学等重大项目均选址大鹏新区，这让大鹏新区的战略定位愈发凸显，打造全球海洋中心城市集中承载区和世界级滨海生态旅游度假区的战略目标正在不断提速。大鹏新区一方面保育山海资源，一方面优化相关旅游配套设施。例如按照国际化标准继续拓展户外旅游，策划更多样的路径，并优化线性空间的旅游配套，结合智慧城市的建设，优化智慧旅游体系，以创建"国家全域旅游示范区"为目标，策划更多的旅游目的地，优化相关配套服务。

3）城乡景观风貌品质提升

2019 年，大鹏新区试行城市设计师制度，大鹏办事处被选定为全市首批国际化街区创建单位，意味着有更多的街区实施高品质的环境提升措施。为配合大鹏新区系列项目，2020 年启动的土地整备重点项目集中攻坚行动包括违法建筑疏导专项行动、违法建筑空间管控专项行动、城市更新专项行动等（图 7.4）。目前完成了南澳码头、南澳墟镇规划，西涌城市设计等项目，规划建设过程中的景观风貌提升和建设，可参考沙井古墟更新，运用微更新的策略

图 7.4 大鹏新区市容环境综合提升总体规划－项目库项目汇总
图片来源：深圳市北林苑景观及建筑规划设计院有限公司.大鹏新区市容环境综合提升总体规划文本

和方法。深圳大学的张宇新作为策展人,2015 年策划了趣城·美丽深圳计划,之后针对沙井古墟的改造一并策展了"时光漂流——沙井古墟新生城市现场展",活动包含河流整治、景观设计、建筑和室内设计、艺术策展、活动运营等在内的日常生活空间活化系列,探索了一种基于日常生活现场原真性价值的城市微更新观念与方法。基于城市设计师制度贯彻的街区品质提升,将会体现更有文化内涵的综合性整治,构建更具魅力的旅游目的地。

此外,大鹏留新区存有 110 个传统村落,有以围屋为建筑类型的"客家村落体系";以村落元素完备、喜用文字装饰为特征的"中心村落体系";以少祠堂、多天后宫为主要特征的"滨海村落体系"。这些传统村落的景观风貌也需要因地制宜地进行更新和改造,引入文化人类学、社会学、历史学、民俗学的方法与概念,结合旅游配套服务功能,形成山海背景下生机勃勃的特殊风貌村落。

参考文献

[1] 孙芳芳，叶有华，喻本德，等.广东大鹏半岛资源环境承载力评估研究 [J].生态科学.2014,33（06）1194-1199.

[2] 张宇新，韩晶.沙井古墟新生——基于日常生活现场原真性价值的城市微更新 [J].建筑学报.2020,（10）：49-57.

[3] 时波，王定跃，陈世清，等.深圳市梧桐山毛棉杜鹃风景林景观质量评价 [J].亚热带植物科学.2018,47（04）：357-362.

[4] 王定跃，谢佐桂，林健.深圳市生态景观林带主题树种的选择 [J].南京林业大学学报（自然科学版）.2014,38（S1）：115-117.

[5] 乔迅翔.乡土建筑文化价值的探索——以深圳大鹏半岛传统村落为例 [J].建筑学报.2011,（04）北大核心：16-18.

[6] 赵金娥，王国光，朱雪梅.基于环境整体观的大鹏半岛民宿小镇特色研究 [J].南方建筑.2018,（01）：58-64.

[7] 任艳.深圳大鹏半岛风景旅游资源评价与建设可行性分析 [J].绿色科技.2019,（19）：255-257.

[8] 深圳市北林苑景观及建筑规划设计院有限公司.深圳市大鹏新区市容环境提升总体规划 [R].2015.

备注

2017 年 17 届市规三 -3 大鹏新区市容环境综合提升总体规划荣获 2017 年深圳市第十七届优秀城乡规划设计三等奖

获奖人员：王招林 叶枫 庄荣 杨政华 黄宏喜 李辉 黄明庆 肖祎芃 艾冠亮 曾晃 徐建成（按照获奖证书排序）

8 公园广场

Open System

8.1 优化公园城市的基本面

1905 年，在无锡城中心原有几个私家小花园的基础上，一些名流士绅倡议并集资建立了"城中公园"，无锡市民按照自己的习惯给予其另一个昵称——公花园。该公园被园林界公认为是我国第一个公园，也是第一个真正意义上的公众之园。公园的概念发展到今天，已经突破了围墙之内游憩绿地的范畴，扩大到城市乃至区域的领域，"公园城市"的概念应运而生。城市作为公园城市的基本面，可以依托城市更新、存量规划，通过空间整合、生命关怀、运动健康、专业协同、智慧管理等措施，逐步实现公园城市的愿景。

《城市绿地分类标准》（CJJ/T 85—2017）将城市绿地划分为公园绿地、生产绿地、防护绿地、附属绿地和其他绿地。《风景园林基本术语标准》(CJJ/T 91—2017)将公园定义为：向公众开放，以游憩为主要功能，有较完善的设施，兼具生态、美化、科普宣教和防灾等作用的场所。城市绿地系统是城市重要的生态和开放空间，公园广场和开放空间是城市绿地系统中最重要的内容，规划建设公园广场及开放空间，是政府提供公共服务的手段之一。除了提供生态效应、美学观感，居民还可以在绿地里开展各类活动，比如文化纪念、运动健身、科普认知、休闲娱乐，交流演讲。公园广场和开放空间的规划设计，一方面需要承载传统文化的精髓，构建和谐社会；另一方面需要体现现代城市文明的视觉语汇和城市文化符号。

中国古代其实已经有官方制定开放给普通民众的公共园林和开放空间，公园并非是新鲜的外来事物，18 世纪受中国园林、绘画和欧洲风景画的启发，英国园林师开始从英国自然风景中汲取营养，形成独特的英国自然风景园。在城市公园里传承自然风景，再现田园生活，成为纽约中央公园设计师奥姆斯特德的理念之一。从花园城市到园林城市到生态园林城市，再到今天的公园城市，需要在应对气候变化，建设绿色低碳城市的背景下，从能源供应、产业优化、土地利用、交通出行、建筑形态、生态安全、绿地系统、智慧体系多方面入手，实现经济形态—生态形态—空间形态从内到外的系统变革。

作为先锋城市，深圳快速城市化过程中的公园及开放空间的建设可以为中国当代公园建设提供样本，笔者于 2005 年在担任《风景园林》责任编辑期间，有机会参与编辑《深圳勘察设计 25 年之风景园林篇》并撰写总论，得以了解深圳的公园建设历程以及各阶段特色，后来与风景园林工程勘察设计大师何昉一道撰文《城市大公园的实践者——风景园林的深圳理念》，从四个方面总结了深圳作为大公园建设的特点，应该算是初级版的公园城市建设实践。深圳在启动 2014 版绿地系统规划时，启动编制公园专项规划，打造"千园之城"，2019 年，深圳市宣告提前实现千园之城的目标，在 2020 年纪念深圳经济特区成立四十周年纪念大会之际，深圳市发布新一轮国土空间规划，提出"山海连城"建设计划，作为社会主义先行示范区，相信深圳在未来，会有建设公园城市的新的探索之旅。笔者在案例篇回顾之前参与的湛江绿心项目，展望未来公园城市的推进，希望能有一些借鉴意义。

8.2 案例：湛江市霞湖片区绿心规划设计实践

8.2.1 项目背景

　　湛江历史悠久，是我国粤西地区重要的海滨港口城市，早在1899年，湛江市区被法国"租借"，区域内有不少欧式建筑遗存，种植法国枇杷（大叶榄仁）在冬季尽显浪漫色彩。1949年新中国成立以后，历届政府对城市园林建设都非常重视。20世纪50~60年代，湛江曾掀起园林绿化建设的高潮，并得到国家领导人的高度评价，国内盛传"北有青岛、南有湛江"。2003年初，湛江市政府进一步提出了创建国家园林城市的宏伟目标，对城市园林绿化建设提出了更高的标准和要求。市政府委托湛江市规划勘测设计院、中山大学规划设计研究院、安徽省城乡规划设计研究院联合编制《湛江市城市绿地系统规划》，并与《湛江市城市总体规划》修编工作同步推进。2004年，湛江市就霞湖片区绿心规划项目公开招标，计划对从火车站到广州湾所在的滨海区域进行详细规划，笔者与当时所在单位——广东省城乡规划设计研究院深圳分院的同事们一道，认真研究湛江绿地系统规划，并多次到现场踏勘，与城市规划师通力合作，赢得了招标的胜利。笔者有幸，在长达一年的湛江绿心规划中，与城市规划师、市政工程师、建筑师一道，感知城市设计与景观规划设计的关系，在此，笔者将本项目中注重解决的问题和需要协调的细节与读者分享。

　　霞湖片区是湛江市的商业中心区，也是霞山区的交通枢纽。从海滨公园沿解放东路经人民广场、解放西路至湛江火车南站广场，是城市的主要景观轴线（图8.1）。根据《湛江市城市绿地系统规划》，该地区要规划建设成为湛江市的"城市绿心"，成为高绿地率的城

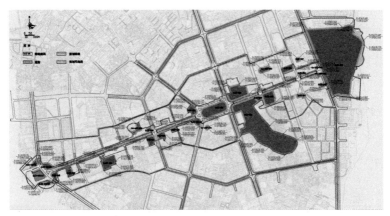

图 8.1　湛江市霞湖片区绿心规划－绿地系统编码
图片来源：广东省城乡规划设计研究院深圳分院 . 湛江市霞湖片区绿心规划文本

市中心区生态绿岛。规划范围以解放东路、市人大办公大楼、人民广场、解放西路为轴，东起海滨公园，西至火车站广场。具体范围包括：沿解放东路两侧，儿童公园、霞湖公园、花圃及周边，南至沿延安路分布的公使馆、霞山公安分局（水兵俱乐部）、基督教堂、天主教堂（福音堂）等古迹；市人大大楼、人民广场及周边；解放西路两侧等，规划用地红线范围总面积约 73.45 公顷。此外，由于沿解放路两侧地块对本区建筑形态和空间景观有直接影响，故将其纳入本规划统筹考虑，划定规划建设控制线，总用地面积 2.59 平方千米，总长度 3.7 千米（图 8.2）。

　　从火车站到麻斜码头，纵观整个解放路由西往东不足 4 千米的地段，绿地密度高，绿化基础好，绿地系统中的绿斑、绿块具备多样化特征，景观分别可满足市民游憩，海景游赏，历史风貌展示等要求，地块充分显示出生态绿地的强烈辐射作用。霞湖片区以综合公园——霞湖公园为核心，周边绿地体系丰富多样。北面有以观赏园艺为主的霞山绿苑，向西依次为人大办公楼前广场绿地、人民广场绿地、火车站站前广场

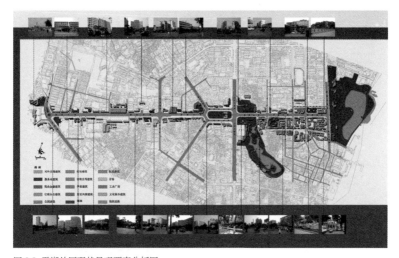

图 8.2 霞湖片区现状景观要素分析图
图片来源：广东省城乡规划设计研究院深圳分院 . 湛江市霞湖片区绿心规划文本

绿地等重要的城市门户节点。向东有儿童公园，隔海滨大道是海滨公园，属于具有防护功能的滨海带状公园绿地。此外，在广州湾区域有法国占领时期修建的基督堂（早年为福音堂）、天主堂、水兵俱乐部、法国公使馆等富历史意义之建筑物，因此湛江绿心项目兼顾城市设计、历史文化街区保护与绿地系统优化深化的特征。

8.2.2 规划思路

借助绿心建设，改造提升片区整体形象，营造舒适宜人的街区绿色环境空间，展示湛江丰富的历史文化内涵，强调城市文明的发展脉络（即：海洋文明—工业文明—生态文明）（图 8.3）。

生态文明（绿心核心）：本次规划的重点工作包括霞湖公园、霞山绿苑、儿童公园、人民广场 4 块主要绿地的整治，推动周边城市环境景观改造，带动城市良性发展，搭建人与自然和谐相处的桥

图 8.3 霞湖片区绿心规划总平面图
图片来源：广东省城乡规划设计研究院深圳分院 . 湛江市霞湖片区绿心规划文本

梁。景观设计方面突出可持续发展的绿色生态文明特征。

海洋文明（东端）：是湛江城市和地域特色的精华，良好的观海区位展现出面朝大海的开放和包容。景观设计方面重点强调旖旎的滨海风情和浪漫的城市风貌，海滨公园是霞湖片区绿心规划景观序列中的高潮部分。在海滨公园内建设大型喷泉及中心景观构筑塔，使其成为地标式的城市轴线空间形象构筑物，创造良好的旅游资源。

工业文明（西端）：湛江市经济发展的核心目标，表达城市在工业化的快速发展阶段的综合特征。景观设计方面，强调理性、现代的工业文化特征，形成振奋人心的城市气质。

8.2.3 突出问题及其解决
1）突出问题

（1）与周边环境不协调

霞湖公园与周边建筑的关系：周边建筑对公园用地侵蚀严重——西面有早年建设职工宿舍，外观陈旧，影响公园视线及景观；东面的园林处综合楼使霞湖公园与儿童公园连续性受阻；北面：湖区被分割，租给水上乐园经营，造成水体不连贯；西北面，是湛江市区最大的"烂尾楼"工程——金辉大厦的地基，有大面积积水基坑，现本地块已经重新拍卖，交湛江市怡福房地产有限公司开发建筑怡福大厦，规划为28层高层商住结合的高楼，如按照公园周边建筑控制高度要求，原建筑高度需要降低，建筑成本增高，需要多方协调才能达成几方共赢的结果；东面，高层商住楼明晶花园因历史遗留问题，对绿地有侵占行为。

与市政管线的关系：霞湖公园为霞湖片区泄洪水面，湖面水位标高比解放路大约低3.3米，涨潮时常出现海水沿排水渠倒灌的现象，造成湖水咸度高，对植物生长造成影响，导致湖区内树种单一；驳岸为浆砌驳岸，景观效果差；公园内现状无完善的雨污水排放系统，易形成大面积积水，且沿地面坡度自然流入湖中的雨水带入了大量的垃圾，造成污染。霞湖公园内打了两口深水井对湖水进行补充，长时间连续性的大量开采地下水造成公园周边部分建筑物出现了地基不均匀沉降，形成裂缝。

（2）经营管理混乱

霞湖公园产权不清晰，原地块为湛江市青少年宫用地，主管部门为湛江市团委，员工福利待遇偏低，工作积极性不高，公园绿地管理不规范。为提高收入，公园内部分绿地外租作经营性场所，北面水域隔断为水上乐园，西面设为溜冰场，东面主要交通干道上有花鸟鱼虫市场，建筑形式混乱，与公园氛围不协调，除外包经营场地外，园内大多设施陈旧。

2）解决办法

在绿心规划中明确霞湖公园与周边建筑的关系，划定公园边界线；启动霞湖泄洪排涝工程进行湖区水体及驳岸整治工程。

西面职工宿舍：将霞湖公园西侧部分民居拆除，腾出土地全部用于霞湖公园绿地建设。

水上乐园：为支持绿心的建设，责其退出经营，适当补偿经营损失。

霞湖广场与怡福大厦：因霞湖公园改造和城市绿心建设需要，根据相关城市规划的要求，霞湖公园与怡福大厦在用地和空间上要统筹规划建设，合理利用城市地上、地下空间资源。规划将霞湖公园北入口广场定为霞湖广场，与怡福大厦项目合并统筹布局，将怡福大厦的建筑控制高度由原项目规划批准的 42 层（140 米）下调控制为 20 层（60~70 米）。同时，为解决怡福大厦与霞湖广场地下停车场西出入口的交通组织与地下空间利用等矛盾，对霞湖广场怡福大厦地下车库与霞湖公共地下停车场进行项目统筹，使霞湖广场与怡福大厦共用地下停车空间，以达到公共事业与企业共赢的局面（图 8.4）。

明晶花园住宅小区：明晶花园住宅小区在处理好历史遗留问题的基础上，按照本规划的具体要求，留出两开间宽度的底层通道，明晶小区已建平台要与霞湖公园园路系统恰当衔接。

青少年宫：原在霞湖公园内规划建设的湛江市青少年校外活动基地（简称"青少年宫"），因现有场地较狭小，难以满足团省委对该项目的配套设施建设要求，故规划将其移至人民大道与体育南路交界处的南国热带花园（文保公园）内兴建。

花鸟鱼虫市场：规划拆除原霞山绿苑以北的人大会堂危楼建筑，新建湛江市花鸟市场，其建筑高度控制在 5 层以下，公园内原花鸟市场改建诗书画文化长廊。

儿童公园：规划拆除儿童公园围墙，使之形成开放型公共绿地，保留原儿童公园管理建筑，并对建筑外观与部分设施进行修缮和更新。

市园林处大院：规划远期拆除市园林处大院，使之与霞湖公

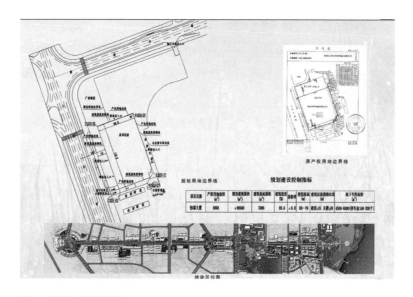

图 8.4 怡福大厦规划控制图
图片来源：广东省城乡规划设计研究院深圳分院 . 湛江市霞湖片区绿心规划文本

园北入口及原松林市场路口绿地连通，形成整体的绿色廊道；在霞山绿苑东面，规划拆除现状市园林处的部分低层旧建筑，新建办公与住宅一体的市政园林综合大楼，解决相关的建筑空间功能置换与住户回迁等问题，其建筑高度宜控制在 30 层以下。

8.2.4 霞湖公园综合整治

1）景观规划

　　根据霞湖公园地形特点和现状植物情况，将公园分为霞湖广场及湖区两大部分，规划 10 个景观节点，命名为霞湖十景。

　　广场部分：霞湖广场上设置多样化的现代城市景观，满足多姿多彩的城市生活要求，与怡福大厦建筑设计同时进行，形成互动。广场部分设置"璀璨虹霓""水光椰影""童趣世界"3 个景点，分别展现夜景观、喷泉景观，并与儿童公园互动。

湖区部分：湖区安排相对安静的生态游赏活动，结合水体整治进行驳岸改造，以生态植物造景为主题有"水韵千姿""杉林揽秀""柳岸临风""缤纷花境""榕荫沁爽"景点，将花鸟鱼虫市场改为诗书画文化长廊，设"曲院书香"景点，将拆迁后的原歌舞厅改造成生态岛，设"情岛飘香"景点。

2）给排水规划

与湛江市规划院合作，由其完成霞湖片区给排水规划，该专项规划原则上服从绿心规划的景观要求。废除原有影响霞湖公园广场和地下车库建设的排水暗渠，在车库外新修一条截水排洪渠，该排洪渠沿霞湖东面结合消防车道的平面位置布置，在该渠上设置堰流式溢流井，暴雨天气时雨水可以通过溢流堰溢流到霞湖中，使霞湖起到洪峰调蓄的作用。

结合周边旧城改造和霞山污水厂截污工程进行扩建，并考虑结合城市整体排水系统建设排涝泵站，从整体上解决霞山区的排涝问题。在霞湖公园两岸布置雨水管，并按每 25 ~ 50 米间距布置雨水口，建立一套完整的雨水收集、处理系统，保证不污染湖水；采用地下水补水时，尽可能避免连续长时间抽水。水质改良后，才有利于水景设计和植物改造。

8.2.5 分步梳理

建设周期大致分为三个阶段：第一阶段进行生态文明区的改造建设，首先进行霞湖公园水系改造与湖区驳岸改造工程，其次结合怡福大厦的建设，完成霞湖广场改造；第二阶段完成工业文明区建设，第三阶段完成海洋文明区建设。

图 8.5 霞湖片区绿心景观效果图
图片来源: 广东省城乡规划设计研究院深圳分院. 湛江市霞湖片区绿心规划文本

鉴于霞湖片区绿心改造工程涉及广，耗资巨大，融资渠道不易确定，本规划中采用具体节点细化的手段，在明确大的规划分期建设目标前提下，针对具体节点制订近期和远期规划，方便决策部门弹性计划、分步实施，保证每一阶段的改造都能发挥积极作用。

8.2.6 实施建议

在资金有限的情况下，绿心建设中应充分运用市场化手段，有效地促进各区段建设工作的全面展开，最大化筹措建设资金。对绿心范围重要地段（如城市道路交叉口、商业核心区等区域）的地块，采用政府主导、社会投资、市场运作的方式进行集中开发。

在有历史争议问题的地段，如霞湖广场与周边明晶花园和怡福大厦，规划建议建立基础设施及公共开放空间（如广场、绿地、通道、停车场等）的投资回报补偿机制。

对独特的广州湾历史文化资源、自然风貌、苏式城市建筑风格等资源大力推行无形资产的商业化运作，既繁荣市场，增加经济效益，又可以提高城市的品位。

对一些经营状况不良的国有和集体企业，结合规划中城市产业结构调整，有计划地出让土地；在绿心整治过程中拍卖、转让城市公共设施——道路、桥梁、公交线路、商业网点、公厕、路灯、报刊亭、街头绿地等有形实物的经营权和冠名权，街道和建筑物上的广告使用权等。

在湛江市霞湖片区绿心规划的实践中，广东省城乡规划设计研究院深圳分院组成霞湖绿心规划工作小组，多次现场踏勘，翔实记录现状问题并提出多种解决方案，因踏勘问题全面细致，能合理解决现状诸多问题而赢得本次规划邀标的胜利。本项目从2004年1月接到邀标任务书始至扩初设计完成，在全面接触项目的过程中，深刻地意识到"生态优先"是一个日益被人们认可的规划原则，但要让美好前景得以实现，只有脚踏实地、实事求是解决涉及规划、建筑、市政、园林方的问题，协调市民、企业、政府的三方利益关系，使景观规划具有科学性、艺术性、群众性、经济性、可操作性。

8.2.7 对公园城市的建设借鉴

2018年，习近平总书记视察成都天府新区时提出建设公园城市，之后成都天府新区一直在探索公园城市的建设模式，2021年，中国风景园林学会发布《公园城市评价标准（问询意见稿）》从园林城市到公园城市，笔者回顾2004年参与的湛江绿心规划项目，对标国家公园城市——伦敦的经验，尝试对未来公园城市建设进行一些解读。

"国家公园城市"这一概念由地理学家、环境保护人士丹尼尔·雷文-埃利森（Daniel Raven-Ellison）于2013年提出，旨在推动城市更绿色、更健康、更原生（greener, healthier, wilder）。基于这一理念，国家公园城市活动组织（National Park City Campaign Group）与世界城市公园组织（World Urban

Parks）推动成立了国家公园城市基金会（NPCF: National Park City Foundation）。2019 年 7 月 22 日，国家公园城市基金会宣布伦敦成为世界首个国家公园城市，伦敦市长萨迪克·汗签署了《伦敦国家公园宪章》，其倡导的内容包括：保护公园和绿地空间的核心网络，打造高质量的绿色空间、清洁的空气和水系，鼓励市民选择步行或自行车出行，加强市民与城市中自然环境的互动，引导儿童在城市户外自然空间中探索、玩耍和学习，增加城市中的野生自然环境等。未来，国家公园城市基金会将继续推广国家公园城市的理念，并计划于 2025 年前在全球范围认定 25 座国家公园城市。

伦敦作为受田园城市规划思想影响的城市，一直重视城市生态空间建设，早年布局伦敦环城绿带，为城市发展预留充分的绿色空间。1944 年，阿伯克隆比提出了大伦敦地区整体的公园系统规划方案，公园道（Parkway）将公园联系起来，并与大伦敦外围的绿带以及其他绿色空间连接起来，形成一个网络化的公园系统，之后伦敦一直持续建设绿道网络，与绿地网络一起，构建一个相互联系、高质量和多功能的公共空间系统。伦敦国家公园城市理念的核心是如何让更多的市民可以建立与自然的连接，以及让更多人以各种方式参与到环境保护与建设中来。

笔者回顾湛江绿心项目，之所以顺利推进，是因为规划师与园林师一道，全面了解湛江市总体规划、湛江市绿地系统规划，通过城市管控手段，将公园与城市融会贯通，形成公园城市的基本面。湛江项目里，霞湖片区小微绿地布局特征明显，而在历史文化街区段，很多历史保护建筑前庭绿地也保持开放共享的特征，保证绿地空间与建筑环境互相渗透，形成宜人的步行尺度。未来在火车站和人民广场区域，如果能继续优化慢行系统，建设更多的安全无障碍人行通道，湛江绿心片区的空间品质将得到更好的提升。

　　湛江绿心项目里，城市规划师运用城市设计手段，景观师用景观规划手法，道路工程师梳理交通，建筑师服从规划控制，主动调低建筑高度，齐心协力，保证了绿色空间的公共性、连续性，湛江绿心项目的规划实践，或者可以给未来公园城市的建设，提供一些启示。

参考文献

[1] 莫非 . 伦敦成为英国首座国家公园城市策略简析研究 [C]. 中国风景园林学会 2020 年会论文集 :113-117.

[2] 广东省城乡规划设计研究院深圳分院 . 湛江市霞湖片区绿心规划成果文本 [R].2004.

[3] 中国风景园林学会 . 中国风景园林学会关于征求团体标准《公园城市评价标准》意见的函 [E]. 中国风景园林学会网站 .[2021-04-07].http://www.chsla.org.cn/Column/Detail?id=5402676763628544&_MID=1100022.

[4] 牛海沣 . 国际资讯｜伦敦成为世界首个国家公园城市 / 伯明翰运河复兴项目 [E]. 国际城市规划微信公众号 .[2019-08-16].https://mp.weixin.qq.com/s/yqtnTIJQWdyuNQMsyeUAAw.

备注

项目成员：张毅 徐红 韩晓莹 罗豫斌 庄荣 王楠 张韧 孙伟 吴砾

此外，本项目得到了湛江市委市政府重视，获得了湛江市市政园林局、湛江市规划院、湛江市城建设计院、湛江海洋大学、华南农业大学热带园林研究中心湛江基地等领导、专家、学者的鼎力帮助。

9 博览盛会

Exposition Landscape

9.1 有朋自远方来

举办博览会的目的往往是庆祝一个重要的事件或一个国家或地区的重要纪念活动,同时展现其政治、经济、文化、科技各方面的成就。作为大事件,世界博览会对树立举办城市的形象,推动举办城市的建设和发展都起到了不同程度的促进作用。例如以"一个世纪的进步"为主题的 1933 年芝加哥世博会不但启动了芝加哥的百年规划,还关注美国城市郊区的大规模发展,关注未来的城市规划以及新的交通方式。

博览会往往是行业的风向标,1974 年 6 月 5 日,美国斯波坎世博会设立了第一个世界环境日,主题是"只有一个地球"。2005 年日本爱知世博会的主题是"大自然的睿智",从设计理念、场地规划,到展示内容、建筑材料,都贯穿了保护自然的理念,在使用新技术的同时也保护环境,确立生态生活的原则。2010 年的上海世博会,以"城市,让生活更美好"为主题,盛况空前,也为上海开启了轨道交通等大规模的基础设施建设的序幕。世博会上的中国馆以鲜明的特色,代表了一个时代的中国形象。上海世博会主题的核心价值观是城市的可持续发展和宜居环境,探讨全球城市化问题。

园林会展园作为特殊的专类园,是风景园林类博览会的举办场地。作为专业展,世界上有三种不同级别的园林展。第一种是由国际园艺生产者协会(AIPH)批准的,在世界各地举办的国际园艺博览会,例如 1999 年在昆明举办的世界园艺博览会。第二种是由国家举办的展览,中国目前有由住房和城乡建设部主办的中国国际园林花卉博览会等。最后一种是由各省举办的展会,例如目前由各省住建部门举办的省级园林花卉博览会。追溯园林展会的发展历程,它可以成为城市文化的表演舞台、新思想交流的场所、拉动城市发展的盛事以及土地开发的前奏。博览会往往占地巨大，场地的后续利用方式将会对城市的功能、产业结构和空间结构产生重大影响，充分利用博览会的辐射效应对推动建设绿色的宜居城市有积极的意义。展园或展区的规划设计是风景园林规划设计的重要工作内容之一，办展前推动基础设施的更新，办展期间对经济和城市发展的带动，办展后对场地功能的转换和可持续利用，都是需要连续考量的重要内容。

笔者有幸参与了西安、青岛、扬州世界园艺博览会的前期工作，以及厦门、济南、武汉等国家级展会，广西北海等省级园林展会的系列规划设计项目，从申办咨询到选址论证，从总体规划到后续利用，从展园区域规划到展园设计，本篇特别在前端策划和后端管理运营方面分享一些经验。

9.2 案例：第五届（深圳）中国国际园林花卉博览园保护利用及可持续发展规划

第五届园博会于 2004 年 9 月 23 日至 2005 年 4 月 8 日在深圳成功举办，本届园博会首次提出了"永不落幕的园博会"概念，园博会结束后，深圳园博园为永久保存展示本届园博会参展作品而得到整体保留，获得园林界专业人士和中外游客的高度评价。2008 年 9 月 17 日，深圳园博园被国家住房和城乡建设部认定为国家重点公园，根据《国家重点公园管理办法（试行）》第九条规定，国家重点公园应当编制保护利用规划。笔者所在深圳市景观及建筑规划设计院有限公司受托编制《深圳园博园保护利用及可持续发展概念规划》。笔者回顾参与的园博会，深感会展的规划设计除了兼顾办展特色，还要兼顾园区的可持续发展。由于举办展会需要举全市之力，短期内密集投入，建成大量景观设施和花卉苗木，所以应在办展前将投资分析做清楚，并做好后续可持续发展规划。根据住建部 2019 年发布的《中国国际园林博览会管理办法》，园博会应以展览、展示活动为主，重点展示城市创新、协调、绿色、开放、共享发展的成果，展示新时代城市转型发展和城市美好生活，展示人居环境建设和城乡社区治理的经验做法，展示美丽宜居、绿色生态、文化传承、智慧创新、安全有序的新型城市建设的示范案例，要做好园博园的后续利用和保护管理。本文愿与业内专家共同探讨园博园的合理传承和大胆创新。

9.2.1 场地概况

深圳国际园林花卉博览园（简称"园博园"）地处深圳市深南大道竹子林西段，面积约 66 万平方米，位于深南大道侨城东段，临

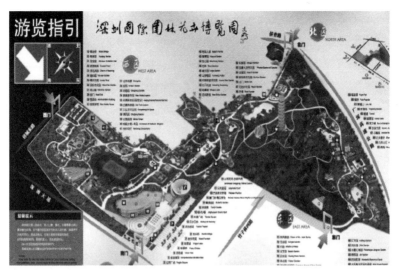

图 9.1 深圳园博园会展导览
图片来源：深圳市北林苑景观及建筑规划设计院有限公司．深圳园博园保护利用及
可持续发展概念规划文本

高速出口和地铁站，有多路公交停靠，自驾车、公交车、地铁均能
方便到达，交通可达性良好。东部与竹子林大型通风绿廊相连，西
临华侨城旅游圈，与世界之窗、欢乐谷、民俗村等旅游景点相映成辉。

　　第五届中国国际园林花卉博览会以"自然·家园·美好·未来"
为主题，内有 12 个友好国家、国内 40 个友好城市和深圳市企业事
业单位参展并兴建的 108 个园林景点。2007 年 11 月 1 日，公园免
费对外开放。2008 年 9 月 12 日，园博园顺利通过了国家住房和城
乡建设部的评审，被认定为"国家重点公园"。是一个集中外园林
园艺、大众文化、艺术、建筑、科普、科研、旅游、展览业、太阳
能并网发电于一体的大型市政公园。

9.2.2 场地综合评估及问题研究

　　深圳园博园原规划以"人与天调，天人共荣"为规划理念，

营造了依山傍水、坡谷沟壑、高低起伏、自然分布、自成一体的良好地形地貌。园区主体规划结构为"一塔（福塔）、两场两馆（迎宾广场、天海广场、花卉馆、综合馆）、四湖（映翠湖、鸣翠湖、揽翠湖、汇翠湖）、四桥（博览桥、欢乐桥、映翠桥、览胜桥）"。作为一个为展示而进行的场地规划，会展获得了巨大的成功，然而在由展会转型为城市开放公园的过程中，游人需求、交通动线、管理重点使部分功能空间发生了转变，原有的展示功能已经不能满足城市市政公园的要求，同时还面临最初的园区定位与可持续发展之间的矛盾。具体问题有以下几方面。

外部交通：2007年11月1日园博园免费开放后，游客接待量呈井喷态势，2007年共接待游客172万人次，其中免费开放后的两个月内就接待了157万人次，单日游客量最高达13.98万人。大量的人流和车流一度阻碍了作为深圳交通动脉的深南大道。

展园和建筑：作为短期展示的各小展园内都有面积不等的景观建筑，数量多且形式多样，而园区可投入的管理资源有限，导致整个园区疏于管理，一些具有良好景观资源、良好地段的展园被闲置，展馆利用率低，不利于园区的可持续发展。因此，园博园展园及建筑急需进行相应的保护提升，打造有特色的展园空间。

游赏组织：由于展会园区的特殊性，各地块展园园路较独立，展园间缺乏有机的交通组织联系，园区重新利用后，展园之间的游赏系统急需整合，组织成更有序、更符合大众行为心理的景观路线。

植物景观：植物生长茂盛，层次、种类丰富，形成了多样化的观赏特征。但展园内部种植自成一体，各园之间植物景观缺乏可识别性，层次过于郁闭，空间缺乏变化；因植物多样而导致管理成本偏高，部分展园内植物粗放生长；聚福山上多为单一的桉树、相思树，物种单一，存在群体退化风险，急需对全园的种植系统进行梳理。

图 9.2 深圳园博园总平面
图片来源：深圳市北林苑景观及建筑规划设计院有限公司．深圳园博园保护利用及可持续发展概念规划文本

公园活动：园林展的主题相对宽泛，不够活泼和自由，各地政府投资的展园，多半展示本地的城市符号和地标构筑物等，导致设计单一，缺乏人性化与艺术化，在后续管理中，难以策划有特色的活动内容，吸引游客继续前往。深圳园博园可举办的活动类型不多，举办时间不固定，缺乏知名的活动品牌，导致园博园影响力逐渐下降。此外，有部分展园建筑已经租赁给相关单位，但缺乏相应的管理规范，使园内资源能发挥最大的可持续效应。

管理维护：外来展园多以政府投资为主，多数展览花园都是永久的，且因相对独立，多有独立的建筑、水体、园路、植物，设

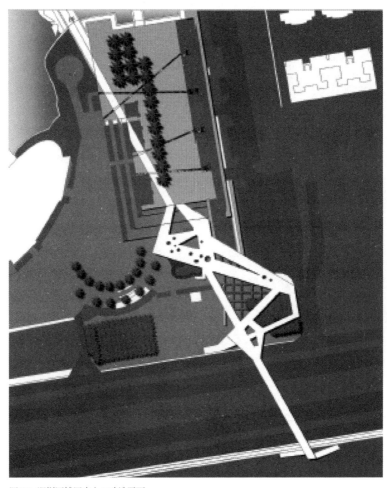

图 9.3 深圳园博园南入口改造平面
图片来源：深圳市北林苑景观及建筑规划设计院有限公司．深圳园博园保护利用及可持续发展概念规划文本

计建造精美但造价较高。展览结束后成为开放式的市政公园，大量游人拥入，给各展园设施的管理和维护带来很大压力，增加了管理成本。

9.2.3 合理传承——探索可持续发展的规划策略

1）总体原则

结合定性定量分析方法，充分评估各展园的特征，利用已有资源优势和资源特色，强调空间利用、品牌效应、运营管理及生态环境的可持续性。延续园林花卉博览园的主题内涵，突出"生态"与"文化"两大主题，打造富有深圳地域特征的国家重点公园。

2）空间整合

通过园区空间梳理和整合，将园区原主体规划结构——"一塔、两馆、三桥、四湖、六园"调整为"一轴两片"——一轴：以公共活动、花卉观赏为轴线；两片：西片为公共艺术设计区，东片为传统园林文化展示区。明晰总体的游赏分区定位。

通过对园区空间的梳理，并结合原规划布局的展园特征，根据开放性市政公园的游赏需求，整合为10大功能区：主入口公共活动区、中轴线公共活动区、西部园林创意设计和花卉展览区、西北部园林展览区、荟萃园碑林展示区、中部园林展览区、异国风情园林展览区、登高观景区、东北部传统园林展览区、东南部传统园林展览区。

3）规划策略

（1）整合"收放有致"的空间配置。通过充分评估，收回部分空间，分别在东区西区释放出两处重要的开放空间，增加大片疏林草地，满足游人休闲游憩的需求。

（2）整合"动静有别"的功能配置。动区主要在南区，适当增加运动器械；静区主要为北区、东区，增加花艺观赏、欧式台地园等。

（3）打造"喜福相合"的游赏文化。结合园区内与"福"文化相连的资源如福海、福泉、福音、福塔等，在中轴线及西区片区，沿线布置福娃娃系列，在登山道入口增加福文化内涵的环境艺术装置，提升祈福文化的内涵。

9.2.4 大胆创新——探索可持续发展的管理对策

1）经营管理模式的探索过程

园博会展会期间，由园博会筹建办（临时机构）负责管理，2005年4月8日园博会闭幕后筹建办随之撤销，成立园博园管理处，工作重心由展会服务转向市政公园的常态管理。园博园管理处内设综合部、园容及技术管理部、游客服务部和安全保卫部4个部门。园博园的定位介于主题公园和市政公园之间，经历了3年的探索期，最终仍然定性为以展示中外园林艺术、花卉植物为主的、开放性的市政公园并免费向市民开放。

2）经济效益情况

目前园区内的经营项目主要包括少量零售点以及恐龙馆和部分场馆的出租。总体来说，园区没有形成经济链条，没有形成常态和可持续的经营项目，无法自创收益以缓解庞大的养护费用压力。

造成这种状况的原因主要有两方面：一方面，园博园的规划建设功能定位与其后的经营管理功能定位之间有较大偏差。园博园作为会展产品，从一开始就不是单纯地从游客的角度设计建设的，园内餐饮、娱乐等服务设施配套不完善，参与性、互动性项目少。另一方面，目前国内市政公园的经费主要由地方政府拨款，但这笔经费只能维持最基本的运营，因此免费开放后面临着经费困难问题。

3）构建完善的配套服务系统

硬件部分，通过对园博园导游图、导游画册、牌示、录像带、幻灯片、语音解说、资料展示栏柜等进行 VI（visual image 视觉形象系统）设计，使整体具备形象鲜明的特征。软件部分，针对园博园"生态游赏线"和"文化游赏线"，合理预测游人规模，完善相关游憩设施、标识设施、环卫设施等，并根据游赏特点，与深南大道交通管制协调，在高峰日、小长假等特殊时段预留合理的临时停车。

4）优化公园解说系统

完善导游员、解说员、游览咨询等服务，并定期更新，增加导游人员的业务培训，保证素质。与大专院校建立合作关系，建立学习教育基地，并邀请园林、环艺、旅游相关专业的学生做义务讲解员。全面引入电子解说系统，游客可以使用本人或是租用景区的无线终端设备，通过覆盖景区的无线网络实时获得解说系统提供的每个景点的解说信息。

发挥解说系统"服务＋教育"的功能，加强环境教育意识的宣传。解说系统不仅能让游客了解景点信息，拓展相关知识，还能帮助游客提高环境保护的意识，自发的共同维护景区环境。

优化游线组织及管理，向游客明确推荐游览线路：包括主题资源特色、所需时间等。如 2 小时游最佳线路、半天游最佳线路、全天游最佳线路等。

观赏中国古典园林具有特定的时空规律和游览线路。要引导和提示游客：注意景区游览的最佳时间、注意游览景区的空间顺序、选择观赏风景的最佳位置，以达到游客体验的最佳值。

面向特殊人群的解说需要特别设计：包括残疾人、儿童、老人、国际游客等。

5）提升公园管理技术水平

引进先进的公园管理养护技术和方法，通过与高校等科研机构合作，引进先进公园管理技术和发明专利，达到降低成本、引领科技潮流的目的。如：节能技术、降耗技术、生态技术、植物管养技术、低碳照明技术、防污技术等。

引进高端管理人才，培养专业人才：通过高端技术人才的加盟和引进，降低管理成本，增加科技外联和管理外包的工作效率。适时与专业部门合作，进行有针对性的技术人才的培训和引进。

6）优化公园文化建设

①打造"雅俗共赏"的活动计划。将园博园打造成一个"园林之园、文化之园"，使之切实成为"永不落幕的园林花卉博览会"。打造"雅俗共赏"的活动计划，完善南区大众文化、西区创意文化、东区名士文化，实现雅俗共赏。

②公园活动日常化。将在公园内开展大型公众参与性活动日常化。

③在公园举办有影响的专业展事。可与相关协（学）会如花协、风景园林学会等组织策划各种级别的插花比赛、园林展、盆景展等。

④突出公园主题文化节事筹办。

⑤"花市"办在公园里。让春节花卉市场日常化，促进"赏""市"共荣。

9.2.5 结语

纵观世界园林博览园、城市公园的发展，均面临现有园区的保护再利用和可持续发展的问题，经过多年会展和展园规划设计的经验积累，不少园博园在可持续利用方面做出了探讨。例如第十届园博园（武汉）地处银湖社区、常安社区、园博社区、翠堤春晓社区之中心，选址上刻意紧贴居住区，为的是会后向公园功能的转化提供一个四面交互的多样化的良性边缘带。有学者建议结合老龄化社会背景，结合周边社区老人活动需求改造园博园闲置设施，例如将部分展厅改造为老人活动室、书画交流中心、只对老年人免费的公共食堂，可以将部分展园改造为老人喜闻乐见并亲身参与、集美观与经济于一体的菜地景观。退休赋闲的城市老人被吸收作为园博园产业的人力资源，创造属于园博园独特品牌的绿色农产品，激励老人发挥余热等。笔者回顾2010年编制的成果，觉得当时有不少理念还是比较超前的，例如结合南广场临深南大道的特征，布局人行景观天桥，可与市政慢行系统衔接，并成为公园廊桥的典范。在全国各地城市竞相承办世博会、园博会的同时，开展深圳园博园的保护利用及可持续发展规划研究具有很强的开创性，对全国各地的园博园、城市公园的管理与发展都具有一定的参考意义。

参考文献

[1] 中华人民共和国住房和城乡建设部.住房和城乡建设部关于印发中国国际园林博览会管理办法的通知 [E].中华人民共和国住房和城乡建设部网站.[2020-03-06]. http://www.mohurd.gov.cn/wjfb/202003/t20200311_244380.html.

[2] 深圳市北林苑景观及建筑规划设计院有限公司.深圳园博园保护利用及可持续发展概念规划 [R].2010.

[3] 周娴.老龄化社会背景下武汉园博园后续发展与利用 [J].北京林业大学学报（社会科学版）.2017,16（01）：37-42.

备注

项目人员：何昉、庄荣、叶永辉、李辉、李颖怡、侯灵梅、许新立、牛莎莎、庄振、陈冬娜、郭波、黄志楠、周国旺

10
绿道步道
Greenway

10.1 回归道法自然的初心

道法自然是老子《道德经》的核心哲学思想之一，人法地，地法天，天法道，道法自然。它不但深刻影响了中国人的哲学观，也是东西方景观规划设计共同的原则和方法之一。根据《城镇绿道工程技术标准》（CJJ/T 304—2019）中的定义，绿道是以自然要素为依托和构成基础，串联城乡绿色开敞空间，以游憩、健身为主，兼具绿色出行、生物迁徙等功能的廊道。

第二次工业革命以来，汽车产业以及相关配套设施间接地引导了城市布局，在方便人类活动、推动社会进步的同时，也破坏自然环境，增加空气污染，加速能源消耗。随着对环境问题认识的逐步深化，越来越多的国家政府把"绿色出行"从口号落实到行动。绿道逐渐被公认为兼顾生态保护与低冲击利用的有效手段，在发达地区渐次推进并不断完善。

2009 年广东省率先启动了绿道建设，珠三角绿道网建设项目荣获 2012 年联合国人居署"迪拜国际改善居住环境最佳范例奖"。继广东后，福建、浙江、江苏、四川、河北等地陆续启动绿道建设，并涌现出如南京环紫金山绿道、上海黄浦江滨江绿道、武汉东湖绿道、福州福道等优秀案例。之后广东并未停止在线性空间规划设计方面的创新步伐，2015 年启动南粤古驿道建设，借以拉动珠三角以外的粤东、粤西、粤北的乡村振兴，2019 年启动万里碧道建设，启动水环境综合治理及滨水景观建设。

笔者从业以来，从 2003 年参与七娘山郊野公园总体规划，对标香港郊野路径策划路径体系规划，2008 年参与珠三角绿道前期研究，2009 年参与珠三角区域绿道规划纲要和规划设计指引，一直到 2019 年深圳罗湖淘金山智慧绿道建成，前后参与绿道项目十余年，类型跨研究策划、规划设计、管理运营区域跨东西南北。这十年间经历从绿道到步道到古驿道到碧道等多种线性空间的变迁，见证了决策部门、行业主管部门、同行及跨专业同事们的努力，目前仍然有新思想、新概念出现，仍在不断学习中。2013 广东省启动绿道省级系列行动，笔者先后参与了低影响开发研究、国家公园体制规划研究、绿色基础设施研究、珠三角水岸公园规划研究等。

线性空间策划选线，可以促进生态修复，文史传承，可以串接森林、湿地、郊野、风景区等大地风景，可以贯通滨水空间，联系乡村和城市，也是构筑了笔者这本《我的景观十书》上半部的序列和内容。

2018 年起，笔者参与由风景园林学会主编的《风景园林资料集》第二册绿地系统规划和第四册城市景观的绿道篇章的编纂，系统地归纳整理了绿地系统和绿道的理论知识。本章案例篇以珠三角绿道为主要案例，回顾十多年来参与绿道的历程，尤其是绿道后来呈现出多元化的特征，可以策划系列与历史、地理、文化、运动关联的选线，以线性空间串接更广域的空间，拓展更丰富的活动。

10.2 案例：从珠三角区域绿道网规划纲要回顾广东线性空间建设历程

10.2.1 背景

1）珠三角绿道网建设的缘起

绿道是一种线形绿色开敞空间，通常沿着河滨、溪谷、山脊、风景道路等自然和人工廊道建立，内设可供行人和骑行者进入的景观游憩线路，连接主要的公园、自然保护区、风景名胜区、历史古迹和城乡居民居住区等。绿道在欧美等发达国家，已经逐渐成熟和完善，成为解决生态环保问题和提高居民生活质量的重要手段。

广东省珠江三角洲区域包括广州、深圳、珠海、佛山、江门、中山、东莞、惠州及肇庆。全区面积占全省总面积的 23.4%，人口占全省总人口的 55.53%（2018 年），近年来实现国内生产总值占全省国内生产总值的 80% 左右（2019 年）。改革开放 30 年来，珠江三角洲地区逐渐发展成为全国最具发展活力、最具发展潜质的地区之一。与此同时，快速城镇化和快速扩张的城镇建设，对自然生态环境造成了冲击，严重制约珠江三角洲地区社会经济的可持续发展。随着珠三角工业化和城市化的快速发展，大量的农业用地被转换成了非农业用地。1990—2006 年，珠三角的耕地减少了 32.44%。城市建设的急剧扩张，造成珠三角各类生态用地的碎片化和孤岛化问题日益严重。2009 年 4 月，广东省委政策研究室和住建厅的联合调研报告首次提出在珠三角建设绿道网的构想。2009 年起，广东省住房与城乡建设厅积极贯彻《珠江三角洲地区改革发展规划纲要（2008—2020 年）》的精神，委托广东省城乡规划设计研究院、深圳市北林苑景观及建筑规划设计院有限公司等机构共同编制《珠江三角洲绿道网总体规划纲要》（以下简称《纲要》），指导珠三角地区绿道网建设。

绿道在珠三角城市宜居建设中具有重要示范作用，2012 年获得了迪拜国际改善居住环境最佳范例奖。从 2010 年开始，除广东外，北京、浙江、安徽等 10 多个省、市、自治区也开始了各具特色的绿道规划与建设。2019 年，建设部发布《城镇绿道工程技术标准》（CJJ/T 304—2019），标志着绿道建设在中国逐渐成熟。

1867 年奥姆斯特德在波士顿主持设计的"翡翠项链"被公认为绿道的开山之作，绿道的概念于 1985 年第一次被介绍到中国，真正的实践活动始于 2009 年广东省推动的珠三角绿道网规划建设。《纲要》成为中国政府中有关绿道的第一个官方文件，《广东省绿道规划设计指引等配套技术指引》也是中国第一个有关绿道规划设计的技术指引。

2）珠三角绿道网构建的意义

（1）促进生态廊道的形成，有效约束城乡建设用地的蔓延

据统计，1990 年到 2008 年，珠三角城乡建设用地规模从 1 067 平方千米扩展到 8 495 平方千米，占珠三角土地总面积的 20%，若按此速度发展，5 年之后将达到联合国 30% 建设用地警戒线。建设绿道网，能在宏观层面整合破碎化的景观斑块，建立安全和高效的生态格局，有效约束城市空间的无序增长，优化绿地系统布局结构，承担城市防灾功能。

（2）完善物种多样

珠江三角洲三面环山，一面朝海，内陆流域是由西江、北江、东江和珠三角洲诸河等四大水系所组成的复合流域，区内水道纵横交错、河网密布，生态资源多样，绿道网的建设能保证各类开敞

空间和生态斑块的有机联系，促进生态植被群落系统恢复，为动植物繁衍生息提供充足的生存繁衍空间与迁徙廊道，使其生物多样性得以恢复，打造珠三角地区人与自然和谐共生的生态天堂。

（3）引领绿色交通出行与低碳健康的生活方式

绿道的规划是以线性空间为特征的规划行为，突破原各类用地各自为政、各行其是的管理现状，以全新的视野整合绿地游憩、慢行交通、观光旅游等资源，为区域之间、城乡之间的居民提供绿色环保、低碳经济的交通方式。此外，通过绿道后续管理可改善沿线投资环境，提升沿线土地价值；可促进沿线服务业、旅游业等产业的发展，促进产业转型，平衡经济发展和生态保护之间的平衡，实现珠三角绿道网的可持续发展。

3）国外绿道规划借鉴

（1）先进的分析甄别系统

美国在绿道研究及规划建设方面一直处于世界领先水平，在19世纪60年代美国就开始大规模的公园道（Parkway）和公园系统（Park System）规划和实践。到20世纪80年代，美国利用计算机和3S技术对大尺度和多尺度上的景观量化，在景观生态学"斑块—廊道—基底"模式的指导下，进行较大尺度的绿道系统规划。可根据生态廊道保护、历史文化廊道保护和视觉美学质量评价来规划绿道。综合性绿道规划方法核心是土地适宜性分析，分为确定绿道功能、收集数据、确定权重、数据整合与GIS分析、输出评价、确定选线、成网评估7个步骤。

（2）生态网络内的多样路径建设

美国绿道网由公园道、蓝道、铺装道、商业道、生态道、自行车道、乡村道、空中道等构成绿道网络系统，多层次、多方位对美

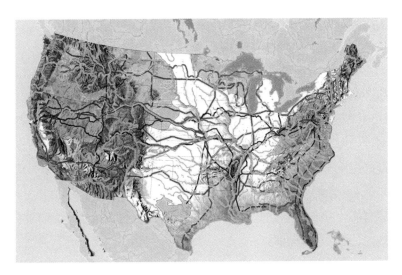

图 10.1 美国绿道网规划

图片来源：引自 Fabos. JG, 2004. Greenway Planning in the United States: its Origins and Recent Case Studies. Landscape and Urban Planning 68（2004），其中红色线路代表步道系统，黑色线路代表可以在现状基础上优化的绿道及遗产廊道，蓝色线路代表河流廊道。

国的绿地进行连通性规划建设，绿道网完全建成后有将近 2.2 万千米绿道及 5 亿公顷绿地纳入整个网络。

4）国内绿道规划的存在问题

（1）生态用地多头管理导致的用地瓶颈

绿道是基于绿地系统的连通道，包括生态廊道的连通和路径，我国目前城市绿地分类的系统中，第五类"其他绿地"涵盖的类型基本是城市建设用地以外的绿地，也是生态廊道的重要构成部分，包括风景名胜区、水源保护地、郊野公园、森林公园、自然保护区、风景林地、绿化隔离带、野生动植物园、湿地、垃圾填埋场恢复绿地等，管理主体多样，由农业、林业、水务等部门分管，在短期内未能协调出共同的管理控制和生态廊道通则，很难达到有效连通，面临很大的协调成本和土地征用成本，生态性功能未能达到理想状态。

（2）绿地被割裂后各自为政

现有的绿地系统包含公园绿地（含5个中类、12个小类）、生产绿地、防护绿地、附属绿地（含8个中类）其他绿地等五大类绿地，公园绿地是城市绿地系统的主要构成部分，而现有的公园规划设计规范并未明文规定公园内需要规划出自行车道，并未使公园形成内外连通、路径开放的绿地载体，道路系统的设计还停留在基本的通行功能要求上，而公园管理者从安全和管理便利的角度出发，鲜有能让自行车便利通行的措施出台，导致绿道在通过大面积的绿地时，连通性被削弱。

10.2.2 珠三角绿道规划纲要

在分析现状问题和借鉴国外经验的基础上，珠三角绿道网总体规划编制运用生态学原理，以《珠江三角洲城镇群协调发展规划》《珠江三角洲区域绿地规划》等上位规划为重要依据，调查研究生物多样性、地形、水文等生态因素，综合应用物种重要值、丰富度指数、均匀度指数等物种评价指标衡量绿道对生态的作用。充分评估沿线节点的用地情况、人文内涵、通达指数等要素相结合，致力在区域绿道网布局中修复前期绿地规划中被割裂的生态廊道，完善生态保育功能。

1）重视生态资源的搜集与科学分析的前期准备

确定以自然生态要素为基本的资源本底调研路线，以现状绿地、生态资源、土地利用、综合交通、城镇布局等资源要素作为绿道规划的基础，摸清城市市域范围内河流、山体、海岸、农田、森林公园等自然要素，将上述现状资料与基础数据结合并录入空间信息平台。

在珠三角区域生态格局背景下分析各城市总体规划等法定规划所搭建的区域—城市框架，以当地绿地系统规划为依托，综合分析交通规划、土地利用规划专项等规划，以及城市旅游规划、生态规划等相关规划的衔接要求，并将相关规划信息提取，录入空间信息平台。再结合政策要素和地方意愿，初步布局绿道网。

2）制定生态系统优良的规划目标及相关评价指标

在宏观生态学的原理指导下，运用案例借鉴、同类比照、社会经济统计分析等多种方法综合确定绿道规划建设的总体目标与阶段目标。并从绿道网络、生态建设、交通衔接、设施配置、功能开发和建设运营等方面确定分项目标及相关评价指标。

定量指标体系重点考虑生态容量与生态承载力，人类负荷与生态足迹等，此外，参考《风景名胜区规划规范》《公园设计规范》等规范标准对各类用地比例的规定，根据各市的建设本底和建设条件，布局各地绿道的适宜密度，例如东莞全市绿道密度最终达到了0.9千米/平方千米。

3）以生态保育为前提确定绿道网络的选线布局

（1）完善生态系统的构建评估

绿道选线首先应评估区域内生态格局关系，充分评估地质地貌、道路交通、开放空间体系和现存绿地的关系，将生态环境分区框定为危机区、不利区、稳定区、有利区四大类型，从理想状态出发，通过绿道建设，尽量完善大生境斑块、生态岛和生态廊道等区域生态系统。

在绿道分项目标的指导下，充分考虑绿道与发展节点、自然肌理、城市空间、城市交通、公共空间体系和现存区域绿道的关系，识别出市域范围内包括自然节点、人文节点、轨道站点、公交枢纽、商业中心区等在内的点状要素；包括河流、海岸、山体边缘、国省道、城市主次干道、乡村道路、田间小道、景区游道和已建成绿道等在内的线状要素；以及包括区域绿地在内的面状要素，作为构建绿道网络的重要因子。

（2）制定科学的选线方法

以重要节点为源，综合考虑距离与通行成本要素，得出绿道适应性评价，再对各个因子通过科学的赋值设定权重，借助 GIS 等空间分析工具进行多因子叠加，获取绿道适宜路径，初步得出城市绿道在市域范围内的优先走向。

根据绿道所处区域位置、地域环境特征、线路重要程度，对绿道网络进行层级划分、类型划分以及区域划分，以便实行针对性的管理和差异化的设施配套。

4）编制绿道生态保育

绿道在空间上可以分成绿道控制区与绿化缓冲区两个圈层，规划针对绿道控制区和绿化缓冲区的不同特征分别加以引导控制并提出管制要求。

（1）绿道控制区

绿道控制区是绿道的核心管制区域，为植物生长、动物繁衍、人的休闲和游憩提供设施与空间，同时与外围城镇建设区、核心资源保护区进行缓冲、隔离。绿道控制区主要包括慢行道、标识系统、基础设施、服务系统、自然生态绿廊以及其他划入控制区的户外空间资源等。针对绿道控制区生态建设，分别从生态环境建设、水资源、配套设施建设、建设管理几大类提出指引，细化各类建设内容的建设要求。

（2）绿化缓冲区

绿化缓冲区是绿道的外延空间区域，包含了绿道控制区以及绿道串联的自然资源、历史人文资源和游憩资源的空间区域。珠三角绿道网缓冲区生态建设指引结合绿道缓冲空间区域内不同的自然资源、历史人文资源和游憩资源特征展开针对性的生态建设行为控制，应尽量尊重已有法律法规的相关规定。

5）珠三角绿道网规划纲要主要内容

基于以上规划方法的指引，深圳市北林苑与广东省城乡规划设计院一道，联合各市规划编制单位，几经反复论证、甄别，最终形成《纲要》终稿，于 2010 年 3 月 4 日由广东省人民政府批复，公布在广东建设信息网上。

（1）明确了珠三角绿道建设的目标和原则

《纲要》包括了广州市、深圳市、珠海市、佛山市、江门市、东莞市、中山市、惠州市和肇庆市 9 个地级以上市的全部行政辖区，面积 5.46 万平方千米的区域作为规划编制范围，明确珠三角区域绿道网的基础架构是基于区域绿地、串联多元自然生态资源和绿色开敞空间，多层次、多功能、立体化、复合型、网络化的区域绿道网，应以生态化为首要原则，尽量整合现有资源，在 3 年内率先在珠三角地区建成 6 条区域绿道，实现"一年基本建成，两年全部到位，三年成熟完善"的目标，将其打造成为具有国际先进水平的标志性工程。

《纲要》明确了生态化、本土化、多样化、人性化、便利化、可行性六大原则，并强调以支持构建区域生态安全格局、优化城乡生态环境为基础，充分结合现有地形、水系、植被等自然资源特征，避免大规模、高强度开发，保持和修复绿道及周边地区的原生生态功能，协调好保护与发展的关系，保持和改善重要生态廊道及沿线的生态功能与景观。

（2）明确了主线—连接线—支线的总体布局

《纲要》综合考虑自然生态、人文、交通和城镇布局等资源要素以及上位规划、相关规划等政策要素，结合各市的实际情况叠加分析，综合优化形成由6条主线、4条连接线、22条支线组成的绿道网总体布局。划定了西岸山海休闲绿道、东岸山海休闲绿道、东西岸文化休闲绿道、东岸都市休闲绿道、西岸都市休闲绿道、西岸滨水休闲绿道6条绿道主线，串联200多处森林公园、自然保护区、风景名胜区、郊野公园、滨水公园、历史文化遗迹等，连接广佛肇、深莞惠、珠中江三大都市区，绿化缓冲区总面积超4 000平方千米，对改善沿线的生态环境质量起到了重要作用。

结合主线绿道网总体布局，规划四条连接线建立起1号与4号、2号与4号、1号与3号、2号与3号绿道的联系，加强区域绿道之间的联系。

此外，为保证对各重要节点覆盖的密度，结合绿道网主线布局，在主线与重要节点之间规划十二条支线，实现各个节点之间的有效联系。例如在1号绿道规划肇庆鼎湖山支线、广州亚运村支线、珠海淇澳岛支线等，在2号绿道规划深圳大运会支线，3号绿道规划开平碉楼群支线，6号绿道规划小鸟天堂支线等。

（3）提出切实可行的技术指引

《纲要》明确绿道由自然因素所构成的绿廊系统和为满足绿道游憩功能所配建的人工系统两大部分构成。并根据珠三角区域内的绿廊系统的特征，将绿道类型分为生态型、郊野型、都市型三类，根据不同类型所处的区位条件以及自然资源、人文资源和现有设施的特征，分别编制了绿道发展功能与建设指引，策划特色鲜明、独具魅力、城乡分野的各类活动，以满足不同层次、不同时间、不同年龄居民的多种需求，有效提升城乡环境的宜居水平。

《纲要》同时明确区域绿道、城市绿道和社区绿道的分级构成。针对不同级别的绿道建设条件和建设要求，分别编制珠三角9个城市的绿道建设指引。

（4）细化配套设施规划

《纲要》根据绿道网总体布局，结合绿道连接的风景区、森林公园、城镇建设区等节点，重点安排慢行道、标识系统、基础设施等配套设施及服务系统、交通与换乘系统等，细化配套服务设施指引，对慢行道的宽度提出具体的参考标准，对标识系统提出色彩控制，对服务系统提供区域级服务区的空间布局和建设要求，保证绿道建成后能提供休憩、指示、停车、换乘、卫生、安全等服务。

（5）编制切实可行的实施机制与保障措施

《纲要》针对绿道建设的特殊性和迫切性，为保障珠三角区域绿道网规划、建设、维护与管理工作的顺利开展，遵循"统一规划，设定标准；分市建设，限期建成；以人为本，各显其能"的基本建设原则，建立有效的规划实施保障机制，重点包括组织管理、技术支持、政策保障与考核监督等方面。

6）建设效果

通过反复与各市、各部门研讨，最终定稿的《纲要》于2010年3月4日正式发布，成为指导珠三角地区绿道网建设的行动指南和政策纲领，是各市制订绿道网建设计划的基本依据。与此同时，笔者参与编制的《珠三角区域绿道规划设计指引》同时发布，指导珠三角根据各自条件开展绿道建设。

截至2010年底，珠三角九市实际建成珠三角区域绿道2 372

千米，其中利用原有道路 530.5 千米，新建 1 841 千米，成为广东省实践科学发展、建设宜居城乡、惠及广大百姓的标志性工程，珠三角绿道建设，将具有里程碑式的示范意义。

10.2.3 绿道 2.0 版本——南粤古驿道

2012 年 5 月，广东省颁布了《广东省绿道网建设总体规划（2011—2015 年）》，作为绿道网向外延伸的具体部署。省网规划在总结珠网建设经验的基础上，在绿道网的功能上和布局方式上都考虑到了粤东西北在尺度、环境上与珠三角的巨大差异。2013 年，广东省住建厅推动生态控制线划定工作，生态控制线的划定在推动区域生态安全格局构建方面起了积极的作用。由于粤东、粤西、粤北地区的城市在社会和经济发展阶段上与珠三角城市存在差异，得省绿道网的规划实施并不顺利。2015 年起，南粤古驿道活化利用的提出，使省域绿道的建设走向绿道 2.0。

南粤古驿道，是广东省古官道和民间古道的统称。广东迄今发现的古驿道遗址约 171 处，是历史上岭南地区军事调度、对外经济往来、文化交流的通道，是广东历史发展的线性文化遗址。由于社会经济发展方式的变更，这些文化遗存大多分布在边远地区，而这些被工业化和城市化遗忘的地区，恰恰又是广东贫困乡村分布密集的地区。以古驿道为纽带，整合串联沿线历史文化资源、自然环境资源，可以将古驿道的保护利用与乡村旅游的发展相结合。因此，2016 年广东省政府工作报告中提出了"修复南粤古驿道，提升绿道网管理和利用水平"的工作安排。《广东省南粤古驿道文化线路保护利用总体规划》于 2017 年 11 月正式印发。规划贯彻落实乡村振兴战略，以挖掘古驿道文化内涵和改善农村人居环境为切入点，借鉴了欧洲、美国和日本在文化线路保护上的经验，把整个广东省南粤古驿道归纳成 6 条重要的线路，这 6 条线形成了广东省南粤古驿道的大框架，并且与绿道、风景道、水道等串联起来，形成一个系统化、走得通、看得见的线路。规划将带动 248 个古驿道文化特色乡镇，1 320 个贫困村的建设和发展。

10.2.4 绿道 3.0——碧道

水是地球环境系统的基本构成要素之一，是决定陆地生态系统基本类型的关键因子。广东省地处珠江下游，境内水系发达、江河密布，河流水系与经济、社会、文化等多方面紧密相关。数据显示，2018 年广东河流水系周边 2 千米范围内活动人群约 8 035 万、建设用地达 15 023 平方千米、企业约 569 万家，分别占全省总数的 80%、82.2%、71%。水环境的恶化和极端天气频发对全省生产与生活都产生了严重的影响，水环境治理和水安全提升成为广东现阶段面临的挑战。2018 年，广东省城镇化率超过了 70%，珠三角核心区城镇化率更是达到了 85.91%。在广东生态环境问题中，水的问题最突出，2016 年住建部和生态环境部联合公布的城市黑臭水体排名中广东位列第一，大量河道水网被侵占，河网水文被改变，工业生产向周边水体排污，呈现"大江大河饮水，内江内河排污"的态势。

2018 年 6 月，在国家大力推进社会主义生态文明建设的背景下，广东省委省政府提出建设万里碧道的决策部署。《广东万里碧道总体规划（2020—2035 年）》把碧道定义为以水为纽带，以江、河、湖、库及河口岸边带为载体，统筹生态、安全、文化、景观和休闲功能的复合型廊道。在总体目标引领下，河流的生态修复和安全治理要充分挖掘水系的生态、游憩、历史人文及景观价值，通过系统思维共建、共治、共享，形成具有复合功能的"三道一带"（图 10.2），即碧水畅流、江河安澜的安全行洪通道，水清岸绿、鱼翔

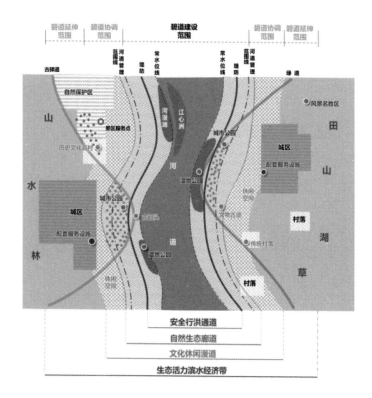

图 10.2 碧道"三道一带"示意图
图片来源：广东省住房与城乡建设厅，广东省城乡规划设计研究院，深圳市北林苑景观及建筑规划设计院有限公司等．珠三角区域绿道网规划纲要文本

浅底的自然生态廊道，以及留住乡愁、共享健康的文化休闲漫步道和高质量发展的生态活力滨水经济带。

万里碧道的建设以治水为抓手带动流域线性国土空间功能的优化。我国涉水的管理部门较多，各部门的规程不一，万里碧道规划建设要达到治水与治岸协同的目标，工作制度和机制的创新是关键。广东省委省政府首先进行顶层统筹，制定了《广东万里碧道总体规划（2020—2035年）》来统筹远景和目标，编制了《广东万里碧道设计与运维技术指引》来协调部门规章与技术要求，颁布了《中共广东省委、广东省人民政府关于高质量建设万里碧道的意见》来统筹部门和地方工作。

10.2.5 展望

　　广东省"十四五"发展规划纲要将万里碧道建设纳入重要的工作内容，作为建设粤港澳大湾区生态治理的重要抓手。国土空间是自然生态系统的载体，为人类提供了赖以生存的物质基础。2019年启动的国土空间修编，以生态空间—农业空间—城镇空间的合理优化，建设美丽中国为目标，其中包含了线状生态空间的编制与规划。笔者回顾广东从绿道到古驿道到碧道的建设历程，线性空间的拓展可以在全国版图展开。根据国家发展改革委等7部门印发的《文化保护传承利用工程实施方案》，到2025年，大运河、长城、长征、黄河等国家文化公园建设基本完成，打造一批中华文化重要标志，相关重要文化遗产得到有效保护利用，一批重大标志性项目综合效益有效发挥，承载的中华优秀传统文化传承发展水平显著提高。2019年，《长城、大运河、长征国家文化公园建设方案》通过审批，这也代表着在我们的中华大地上，不同时段的文化线性空间、滨水线性空间的景观网络即将实现。

参考文献

[1] 广东省住房与城乡建设厅, 广东省城乡规划设计研究院, 深圳市北林苑景观及建筑规划设计院有限公司等. 珠江三角洲绿道网总体规划纲要 [R].2010.

[2] 何昉, 锁秀, 高阳, 等. 探索中国绿道的规划建设途径——以珠三角区域绿道规划为例 [J]. 风景园林, 2010（02）:70-73.

[3] 庄荣. 基于生态观的珠三角区域绿道网规划编制探讨 [J]. 规划师, 2011,27（09）:44-48.

[4] 广东省城乡规划设计院有限公司. 珠江三角洲全域空间规划（2016—2020）[R].2014

[5] 马向明, 魏冀明, 胡秀媚, 等. 国土空间生态修复新思路: 广东万里碧道规划建设探讨 [J]. 规划师, 2020,36（17）: 26-34.

[6] 马向明, 杨庆东. 广东绿道的两个走向——南粤古驿道的活化利用对广东绿道发展的意义 [J]. 南方建筑, 2017,（06）: 44-48.

备注

1.珠江三角洲绿道网总体规划纲要荣获 2011 年度全国优秀城乡规划设计一等奖

获奖单位：广东省城乡规划设计研究院、广州市城市规划勘测设计研究院、深圳市北林苑景观及建筑规划设计院有限公司

主要编制人员：宋劲松、马向明、曾宪川、蔡云楠、何昉、罗勇、郭建华、方正兴、杨春梅、徐东辉、温莉、杨玲、朱江、庄荣、李建平（按照获奖证书排序）

2.珠三角区域绿道（省立）规划设计技术指引（试行）荣获 2011 年度广东省城乡规划设计优秀项目二等奖

获奖单位：广东省城乡规划设计研究院、深圳市北林苑景观及建筑规划设计院有限公司、广州市城市规划勘测设计研究院

主要编制人员：曾宪川、马向明、何昉、郭建华、蔡云楠、庄荣、李枝坚、高阳、徐涵、李洪斌、杨春梅、李欣、韦梦鲲、李辉（按照获奖证书排序）

结语 一些小念想

2017 年因为儿子要参加高考，在给儿子整理专业选择、分析教育路径的过程中，重温人居环境三姊妹专业——建筑学，城乡规划学，风景园林学的学科内涵，温故知新，获益匪浅，之后不断根据专业认知和时代变化调整优化框架，单是目录和篇名就调整过十多版，终于在 2020 年末，结合这五年来的实践与观念转变，确定了书名、编撰逻辑和写作基调。

如自序所说，本书是基于一个小目标，对自己从业以来的项目分类整理，休养生息，顺便给入门者分享一些经验。学海无涯，笔者找到各具代表性的十根竹竿，用两条线索编织，一是生态，一是美学，人文则是那根撑船的竿，双手在握，把握方向，不断前行。虽然儿子最后没有选择风景园林专业，但是希望有缘读到此书的本专业及其他专业的大学新人们能开卷有益。这样就满足了自己的一些小念想。

笔者写完《写在园林边上》之后，2016 年机缘凑巧，分别在中国台湾、西欧六国、美国西部游历。2017 年在美国中部游历，参观芝加哥城市建设，了解了中部铁锈带产业沦陷的现实，知悉美国社会撕裂的根源，以及资本主义社会变迁的逻辑。2020 年借深圳经济特区成立四十周年之际，不断修正优化内容，希望能搭建属于自己的知识谱系，出于这样的小目标结集出版。

"十三五"圆满收官，"十四五"已经开启，感谢我所处的时代，感谢我所生活的深圳，它的存在代表中国城市建设史的奇迹，也让我们作为从业者获取了诸多实践机会。校改本书的地方，是深圳图书馆南书房，前人书籍如汗牛充栋，南书房书架上陈列的经典，默默述说着文化的传承，也鞭策我知悉"文章千古事"的重要。

感谢深圳市北林苑景观及建筑规划设计院有限公司的前院长、工程勘察设计大师何昉，他与北京林业大学早年参与深圳风景园林建设的老先生们一道，在深圳扎根并在深圳实践，足迹遍布全国，几乎跨越了风景园林学科所有类别，让我得以参与调查—评价—研究—策划—规划—设计—建造—管理等链条中所有环节。何大师执着于专业追求，让我有机会参与诸多重大项目，并与业内高手互相交流。

感谢广东省住房与城乡建设厅，让我有机会参与广东省的绿道实践，并在后来陆续参与广东省改善人居范例奖评选，参加国家园林城市复查，得以学习省内诸多优秀项目；感谢广东省林业局，让我有机会参加广东省内多个风景名胜区的总体规划评审，游历省内大好河山的同时，为省内自然保护地建设贡献一份绵薄之力；感谢深圳市水务局，让我有机会多年连续参与深圳市海绵城市建设，得以学习不同类型的海绵项目；感谢中国风景园林学会，让我有机会参与《风景园林资料集》中的绿道章节编撰工作，并与其他的同行一道，互相学习互相激励，更全面地了解了我们这个专业；感谢深圳市城市规划学／协会的同仁，让我有机会担任深圳市正高职称评审专家，在审阅专业材料时得以学习了解人居环境其他专业的动态。

感谢在珠海市园林科学研究所、广东省城乡规划设计研究院深圳分院、北林苑工作时一起参与项目的同事，项目文本上、图纸会签栏里会记录过我们共事的足迹，建成项目里凝聚着我们的心血，见证了我们的努力；感谢实习生施宇芬、雷金婷协助项目文字编撰；感谢许作为对编辑排版工作付出的努力；感谢程智鹏先生、周璇先生认真勘校，让这本小书最终能面世，了结一桩心事。

最后要感谢我的家人，亲爱的母亲、亲爱的黄先生、亲爱的儿子，感谢你们的支持和鼓励，让我能在频繁的出差中，平衡工作与生活，安心写作。感谢你们能容忍我的怪脾气，形成包容有爱的家庭。

《中庸》有云：君子尊德性而道问学，致广大而尽精微，极高明而道中庸。从多年参与的项目大致分了十类之后，再从宏观到中观到微观的不同层级的项目梳理，再转化为属于自己思考的文字，要求表述平衡，前后一致，虽然花了很长时间，但不足之处还是很明显，敝帚自珍，同时也会不断优化。

与有缘得见此书的人共勉。

庄荣
2021 年小满 深圳